Series de Preparación
de Exámenes de Colisión

Análisis y Estimación de Daños (Examen B6)

Segunda Edición

DELMAR

THOMSON LEARNING™

Australia   Canadá   Méjico   Singapur   España   Reino Unido   Estados Unidos

**Series de Preparación
de Exámenes de Colisión**

**Análisis y
Estimación de Daños
(Examen B6)**

Segunda Edición

Personal de Delmar:

Director de Unidad de Negocios:
Alar Elken
Editora ejecutiva:
Sandy Clark
**Director de Desarrollo de
Productos Automotrices:**
Timothy Waters
Ayudante de equipo:
Kristen Shenfield

Directora Ejecutiva de Mercadeo:
Maura Theriault
**Directora Ejecutiva de
Producción:**
Mary Ellen Black
Director de Producción:
Larry Main
Editora de Producción:
Betsy Hough

Directora de Canal:
Beth Lutz
Coordinador de Mercadeo:
Brian McGrath
Coordinador de Mercadeo:
Erin Coffin
Diseño de la cubierta:
Michael Egan

AVISO AL LECTOR

Índice

Sección 1 La Historia de ASE

Sección 2 Haga y Apruebe Todos los Exámenes de ASE

Sección 3 ¿Está Seguro de que Está Preparado para Hacer el Examen B6?

Sección 4 Una Visión General del Sistema

Sección 5 Examen Práctico de Prueba

Sección 6 Preguntas Prácticas Adicionales de Examen

Sección 7 Apéndices

Prefacio

Mitchell International y Delmar/Thomson Learning han colaborado en la publicación de la segunda edición de esta popular serie diseñada para ayudar a los técnicos en la preparación de los exámenes de reparación de colisión de ASE. Esta colaboración ha unido a Delmar, la editorial líder de los libros de texto de reparación de colisión del automóvil en los Estados Unidos, con Mitchell Internation, la fuente número uno para productos de información de reparación de colisión y estimado para profesionales. Estamos seguros de que este esfuerzo combinado le proporcionará al usuario de este libro la mejor preparación posible para el examen.

Con un total de cinco libros de preparación de exámenes en la serie, Mitchell y Delmar engloban todas las categorías de examen de Reparación de Colisión ASE para ayudarle a prepararse para aprobar los exámenes siguientes:

- Pintura y Acabado Examen B2
- Análisis No Estructural y Reparación de Daños Examen B3
- Análisis Estructural y Reparación de Daños Examen B4
- Componentes Mecánicos y Eléctricos Examen B5
- Análisis y Estimación de Daños Examen B6

Se ha investigado cuidadosamente y escrito el contenido de cada libro de la serie para asegurarle que dispondrá de todas las herramientas de preparación para el examen que necesita. La realización de numerosas entrevistas con muchas personas que han realizado el examen ASE satisfactoriamente (técnicos y los propietarios de talleres que contratan técnicos) nos ha proporcionado toda la información de utilidad que cualquier persona que realice el examen pueda desear. Lo que casi todas estas personas requieren son muchas pruebas y preguntas prácticas y eso es lo primero que encontrará en nuestra serie. Todos los libros incluyen un pre-examen de conocimientos, un examen de prueba y preguntas prácticas adicionales. Ninguna otra guía de preparación le proporciona tanta práctica como la guía de Mitchell y Delmar. Hemos trabajado intensamente para asegurar que estas preguntas coincidan con el estilo ASE en los tipos de pregunta, cantidades y nivel de dificultad para que esté preparado mentalmente el día del examen. Además, se proporcionan las respuestas correctas a las preguntas.

Los técnicos también nos comentaron que deseaban información sobre el tipo de examen que iban a realizar. Hemos proporcionado todo eso, además de incluir una historia de ASE y una sección dedicada a ayudar a los técnicos a "Hacer y Aprobar Todos los Exámenes ASE" con casos prácticos, estrategias de realización de examen y formatos de prueba.

Finalmente, los técnicos también deseaban reciclarse, renovando su información y sus referencias. Todos nuestros libros contienen una sección de repaso relativa a cada lista de tareas. Las listas de tareas completas para cada examen aparecen en cada libro para referencia del usuario. Se incluye, asimismo, un glosario completo de los términos utilizados en cada libro.

Por tanto, si busca un examen de prueba y algunas preguntas extra con las que practicar junto con una introducción completa a la realización de exámenes ASE, con soporte para una completa preparación, esta *Serie de Preparación de Exámenes de Mitchell y Delmar* es la mejor respuesta.

Estamos seguros de que se beneficiará de este libro y en Mitchell y Delmar le deseamos suerte en el momento de realizar sus exámenes ASE. Gracias por haber elegido la *Serie de Preparación de Exámenes de Mitchell y Delmar*. Le agradeceremos que nos envíe comentarios y sugerencias.

Alar Elken
Editor, Tecnología y Comercio SBU
Delmar/Thomson Learning

John Redding
Director y Gestión de Productos
Mitchell Publications

La Historia de ASE

La Historia de ASE

Conocido en sus orígenes como Instituto Nacional de Excelencia de servicio automotriz (NIASE), el actual ASE fue fundado en 1972 como una institución independiente sin ánimo de lucro dedicada a la mejora de la calidad del servicio y reparación de elementos automotrices elaborando los exámenes voluntarios para la certificación de técnicos automotrices. Hasta ese momento, los consumidores no tenían un modo de realizar la distinción entre mecánicos automotrices competentes e incompetentes. A mediados de los años 60 y a principios de los 70, varias asociaciones relacionadas con la industria automotriz intentaron satisfacer esta necesidad. A pesar de que estas asociaciones no eran de carácter lucrativo, muchos consideraban las tasas de los exámenes de certificación como un medio de adquirir una cantidad adicional de capital resultante de la explotación. Asi mismo, ciertas asociaciones con intereses creados adquiridos puntuaban los exámenes claramente a favor de sus miembros.

A partir de estos esfuerzos, se constituyó una nueva asociación independiente sin ánimo de lucro, el Instituto Nacional de Excelencia de servicio automotriz (NIASE). En los primeros exámenes de NIASE, se utilizaban preguntas para tipo de Mecánico A y Mecánico B. A lo largo de los años la tendencia no ha cambiado, no obstante, a mediados de 1984 este término fue modificado a Técnico A, Técnico B para hacer un mayor hincapié en el grado de sofisticación de las habilidades necesarias para tener unos buenos resultados dentro de la industria moderna de vehículos a motor. En algunos exámenes el término utilizado es Opinante A/B, Pintor A/B, o Especialista de partes A/B. En esa misma época, se cambió el logotipo de "El Engranaje" al "Sello Azul", adoptando la organización el acrónimo ASE, que significa Excelencia de servicio automotriz.

ASE

El objetivo de ASE es mejorar la calidad de las reparaciones y de las operaciones de servicio de vehículos en el territorio de los Estados Unidos mediante la elaboración de exámenes y certificación de los técnicos de reparación de elementos automotrices. Los futuros candidatos se pueden matricular para someterse a uno o varios de los exámenes de ASE.

Al aprobar al menos un examen y dar pruebas de tener dos años de experiencia en trabajo relacionado, el técnico recibe la certificación ASE. Un técnico que supere una serie de exámenes adquiere la categoría de Maestro técnico ASE. Un técnico de automóviles, por ejemplo, debe superar ocho exámenes para adquirir este reconocimiento.

Los exámenes, que se realizan dos veces al año en más de setecientas localidades de todo el país, están administrados por la ACT — American College Testing. Estos exámenes ponen gran énfasis en problemas de diagnósticos reparación de carácter real. A pesar de que los buenos conocimientos teóricos son útiles para que el técnico pueda responder a muchas de las preguntas, no hay preguntas específicas de teoría.

La certificación es válida durante un periodo de cinco años. Para mantener la certificación, el técnico debe volver a examinarse para renovar el certificado.

Esto supone una ventaja para el cliente de servicios automotrices porque la certificación ASE supone un valioso criterio de medición de los conocimientos y aptitudes de cada técnico, así como de su compromiso vocacional. También dice mucho de las instalaciones de servicio de reparaciones que contratan a técnicos con certificado ASE. Los técnicos con certificado ASE pueden llevar en el hombro la insignia azul y blanca de ASE, conocida como el "Sello azul de la excelencia", así como portar credenciales que enumeren sus áreas de conocimiento. A menudo las empresas muestran las credenciales de sus técnicos en la zona de espera habilitada para los clientes. Los clientes suelen buscar aquellas instalaciones que muestran el logotipo de Sello de azul de la excelencia de ASE en las placas situadas en el exterior, en la zona de espera de clientes, en el listín telefónico (Páginas amarillas) y en anuncios de prensa.

Para adquirir el certificado ASE, póngase en contacto con:

National Institute for Automotive Service Excellence
13505 Dulles Technology Drive
Herndon, VA 20171-3421

Haga y Apruebe Todos los Exámenes de ASE

Realización de Exámenes ASE

La participación en un programa voluntario de certificación de Excelencia de servicio automotriz (ASE) le brinda la oportunidad de mostrar a sus clientes que dispone de los conocimientos necesarios para trabajar con los actuales vehículos modernos. Los exámenes de certificación ASE le permiten comparar sus conocimientos y aptitudes con los niveles de cada área de especialización del sector de servicio automotriz.

Si usted se somete a examen siendo parte de ese grupo de técnicos automotrices "medio", tiene algo más de treinta años y no ha acudido a una escuela en cerca de quince años. Quiere decir que es posible que no haya hecho un examen en varios años. Por otro lado, algunos habrán acudido a escuelas secundarias o habrán participado en cursos de educación posterior a secundaria y estarán familiarizados con la realización de exámenes y las estrategias para someterse a estos. No obstante, existe una diferencia entre el examen de ASE en el que va a prepararse y los exámenes de carácter educativo a los que posiblemente esté habituado.

¿Quién escribe las preguntas?

Las preguntas de todos los exámenes de ASE están escritas por expertos del sector de servicio a vehículos que están familiarizados con todos los aspectos de cada tema. Las preguntas de ASE guardan total relación con el trabajo y se diseñan para poner a prueba las aptitudes que necesita saber en el trabajo.

Las preguntas tienen su origen en el taller de "redacción de elementos de examen" de ASE, en el que representantes de servicio de fabricantes de automóviles nacionales y de importación, de fabricantes de equipos y piezas y especialistas en formación vocacional se reúnen para intercambiar ideas y traducirlas a preguntas. Cada pregunta de examen que redactan estos expertos es revisada por todos los miembros del grupo.

Todas las preguntas son sometidas a una prueba previa, comprobándose su calidad en una sección de exámenes sin puntuación por parte de un grupo de técnicos norteamericanos. Las preguntas que cumplan los altos niveles de precisión y calidad que exige ASE se incluyen en las secciones de puntuación de exámenes futuros. Aquellas preguntas que no superen la estricta prueba de ASE son devueltas al taller o eliminadas. Los exámenes de ASE se controlan por parte de un examinador independiente y se administran y puntúan de acuerdo a un sistema automático por parte de un proveedor independiente, la ACT — American College Testing (Institución examinadora de enseñanza superior norteamericana).

Exámenes objetivos

Se dice que un examen es objetivo si se aplican los mismos niveles y condiciones para todos los aspirantes, y existe una única respuesta correcta para cada una de las preguntas. Los exámenes objetivos miden principalmente la capacidad de recordar información. Un examen objetivo bien diseñado puede probar su capacidad de comprensión, análisis, interpretación y de aplicación de sus conocimientos. Los exámenes objetivos constan de preguntas de verdadero o falso, de opciones múltiples, de rellenar los espacios y de relacionar conceptos. Los exámenes de ASE constan exclusivamente de preguntas objetivas de opciones múltiples de cuatro partes.

Antes de realizar un examen objetivo, revise rápidamente el examen para determinar el número de preguntas de que consta, pero no lea todas las preguntas. En un examen de ASE suele haber entre cuarenta y ochenta preguntas dependiendo del tema. Lea bien cada pregunta antes de marcar la respuesta. Responda a las preguntas siguiendo su orden de aparición. Deje en blanco las preguntas de las que no esté seguro y prosiga con la siguiente. Puede volver a las preguntas que ha dejado sin contestar tras finalizar las demás. Es posible que sean más fáciles de responder más tarde, una vez que la mente haya tenido más tiempo para considerarlas a un nivel subconsciente. Además, puede localizar información en otras preguntas que le sirva para responder a alguna de ellas.

No se obsesione con el modelo aparente de respuestas. Por ejemplo, no se deje influir por un modelo similar a **d, c, b, a, d, c, b, a** en un examen de ASE.

También hay demasiada sabiduría popular relativa a la realización de exámenes objetivos. Por ejemplo, hay quien le recomendará evitar opciones de respuesta que utilicen palabras como *todo, nada, siempre, nunca, debe,* y *sólo,* por nombrar unas pocas. Según ellos, esto se debe a que nada en esta vida es exclusivo. Su recomendación será que elija opciones de respuesta que utilicen palabras que permitan ciertas excepciones, como *algunas veces, con frecuencia, casi nunca, a menudo, suele, rara vez* y *normalmente.* También le recomendarán que evite elegir la primera y la última opción (A y D) porque creen que los que redactan los exámenes prefieren colocar la respuesta correcta en el medio (B y C) de las opciones. Otra recomendación que suele darse es seleccionar la opción que sea o bien más larga o la más corta de las cuatro por tener ésta más posibilidades de ser correcta. Otros recomiendan no cambiar nunca la respuesta, ya que la primera intuición suele ser la correcta.

A pesar de que puede existir algo de verdad en toda esta sabiduría popular, los redactores de los exámenes de ASE tratan de evitarla y ud. También debería hacerlo. Hay tantas respuestas **A** como respuestas **B**, y tantas respuestas **D** como **C**. De hecho, ASE trata de equilibrar las respuestas en un 25 por ciento por opción **A, B, C** y **D**. No se pretende utilizar palabras "engañosas", como se ha apuntado anteriormente. No dé credibilidad a la oposición de, por ejemplo, las palabras "a veces" y "nunca".

Los exámenes de opciones múltiples pueden resultar complicados porque, a menudo, existen varias opciones que pueden parecer posibles, pudiendo ser difícil decidir la opción correcta. La mejor estrategia en estos casos es determinar en primer lugar la respuesta correcta antes de observar las opciones. Si entre ellas se encuentra la que usted pensó al principio, debe seguir examinando las opciones para asegurarse de que ninguna parezca ser más correcta que la suya. Si no sabe la respuesta o no está seguro de ella, lea con detenimiento cada una de las opciones intentando eliminar aquellas opciones que sepa que no son correctas. De este modo, puede llegar con cierta frecuencia a la opción correcta mediante un proceso de eliminación.

Si ha llegado al final del examen y sigue sin saber la respuesta a ciertas preguntas, trate entonces de adivinarlas. Sí, adivinarlas. Tiene al menos un 25% de oportunidades de que sea correcta. Se quedará sin opciones si deja la respuesta en blanco,. En los exámenes de ASE no se penalizan las respuestas incorrectas.

Preparación para el examen

El principal motivo por el que hemos incluido en esta guía tantas preguntas prácticas y de muestra es sencillamente para ayudarle a conocer lo que sabe y lo que no sabe. Le aconsejamos que haga todas las preguntas contenidas en el libro. Antes de ello, revise con detenimiento la Sección 3 ya que contiene una descripción y explicación de las preguntas que se puede encontrar en un examen de ASE.

Una vez sepa cómo son las preguntas, haga el examen de prueba. Tras responder a una de las preguntas de muestra (Sección 5), lea la explicación (Sección 7) a la respuesta de dicha pregunta. Si cree no entender el razonamiento a la respuesta correcta, vuelva a leer la visión general (Sección 4) de la tarea relacionada con dicha pregunta. Si sigue sin tener una buena comprensión de este material, busque una buena fuente de información sobre este tema, como por ejemplo un libro de texto, y amplíe sus estudios.

Tras terminar el examen de prueba, vaya a la sección 6, donde encontrará preguntas adicionales. Esta vez responda a las preguntas como si estuviera haciendo un examen real. Una vez haya contestado a todas las preguntas, compruebe los resultados utilizando la clave de respuestas en la sección 7. Estudie las explicaciones de las respuestas erróneas y/o el repaso de las tareas relacionadas.

He aquí algunas instrucciones básicas para prepararse para el examen:

- Enfoque su estudio en aquellas áreas que más desconozca.
- Sea honrado consigo mismo al decidir si ha comprendido algo.
- Estudie con frecuencia pero durante cortos intervalos de tiempo.
- Mientras estudia, procure no distraerse.
- Tenga presente que el verdadero objetivo del estudio no es simplemente aprobar un examen, sino aprender.

Durante el examen

Llene el cuestionario con claridad y precisión. Uno de los mayores problemas a los que se enfrenta un adulto en un examen parece ser colocar las respuestas en el lugar correcto del cuestionario. Asegúrese de que la respuesta para la pregunta 21, por ejemplo, va en el espacio designado para la respuesta de la pregunta 21. La respuesta correcta en el espacio incorrecto dará lugar probablemente a una respuesta errónea. Recuerde que la hoja de respuestas es corregida por una máquina, y ésta sólo puede "leer" las respuestas que usted ha introducido. No marque dos respuestas para la misma pregunta.

En el caso de que termine de responder a todas las cuestiones antes de que acabe el tiempo, repase las respuestas de las que no se sienta completamente seguro. A menudo se descubren errores por descuido al revisar las respuestas en el tiempo sobrante.

En casi todos los exámenes, siempre habrá quien termine y entregue su examen mucho antes de que acabe el tiempo. No permita que esto le distraiga o intimide. O bien saben muy poco y no han podido terminar el examen, o bien tienen demasiada confianza en sí mismos y creen que lo saben todo. Quizá están intentando impresionar al examinador o a los demás técnicos con su sabiduría. A menudo se les oye después hablando de esa información que sabían y que olvidaron poner en la hoja.

No conviene utilizar menos tiempo del asignado en un examen. Si tiene dudas, deje tiempo para repasar. Cualquier cosa puede quedar mejor si le dedicamos un poco más de esfuerzo. Un examen no es una excepción. No es necesario que entregue los papeles hasta que se los pidan.

Los Resultados de Sus Exámenes

Puede obtener una mejor perspectiva de los exámenes si sabe y entiende cómo se califican. Los exámenes de ASE son calificados por la ACT — American College Testing (Institución examinadora de enseñanza superior norteamericana), una organización imparcial no influenciada sin intereses creados en ASE o el sector automotriz. Todas las preguntas valen lo mismo. Por ejemplo, si hay cincuenta preguntas, cada una de ellas valdrá el 2% de la puntuación total. La calificación de aprobado se sitúa en el 70%. Lo que quiere decir que debe responder correctamente a treinta y cinco de las cincuenta preguntas para superar el examen.

Los resultados del examen le dirán:

- si sus conocimientos igualan o superan a los necesarios para ser competente, o
- si necesita más preparación.

Los resultados del examen *no* le dirán:

- qué posición ocupa respecto a los otros técnicos, o
- cuántas preguntas respondió correctamente.

El informe sobre su examen le indicará el número de las respuestas correctas en cada uno de los temas. Estos números le proporcionarán información sobre sus conocimientos en cada área. Sin embargo, como puede haber un número diferente de preguntas de cada área, un alto porcentaje de respuestas correctas en un área con pocas preguntas podría no compensar un bajo porcentaje en un área con muchas preguntas.

Tenga en cuenta que nadie "suspende" un examen ASE. Al técnico que no aprueba se le dice simplemente que "necesita más preparación". Aunque la existencia de grandes diferencias puede indicar la presencia de partes problemáticas, es importante tener en consideración el número de preguntas que se hace en cada una de las áreas. Como cada examen evalúa todas las fases del trabajo que precisa una especialidad de operaciones de servicio, usted debe tener preparación en cada una de las áreas. Una puntuación baja en un área podría hacer que no superase todo el examen.

No existen las medias. Es imposible determinar el resultado total del examen sumando los porcentajes obtenidos en cada área de tareas y dividiendo después el resultado por el número de áreas. No funciona así porque, por lo general, no suele haber el mismo número de preguntas en cada una de las áreas de tareas. Por ejemplo, un área de tareas que tenga veinte preguntas contará más en el resultado final que otra que tenga sólo diez preguntas.

El informe de su examen le dará una idea aproximada de sus resultados y de sus puntos fuertes y débiles.

Si no supera el examen, puede volver a hacerlo en cualquiera de las veces en que se programe. Usted será la única persona en recibir la puntuación del examen. Éstos no serán facilitados por teléfono ni entregados a otra persona sin su consentimiento por escrito.

3 ¿Está Seguro de que Está Preparado para Hacer el Examen B6?

Pre-Examen

El objetivo de este pre-examen es determinar el nivel de repaso que va a requerir antes de realizar el examen de reparación/acabado de colisión: Análisis y Estimación de Daños (Examen B6). Si responde correctamente todas las preguntas del pre-examen, haga el examen de prueba de la sección 5 y conteste las preguntas adicionales de la sección 6.

Si contesta mal dos o más preguntas del pre-examen, estudie la sección 4: Una Visión General del Sistema, antes de pasar al examen de prueba y a las preguntas adicionales de examen.

Las respuestas y las explicaciones del pre-examen se encuentran al final de este pre-examen.

1. ¿Cuál de las siguientes piezas puede considerarse una pieza estructural del vehículo monoestructural?
   A. Barra lateral de la puerta
   B. Cristal de la ventanilla trasera
   C. Refuerzo del parachoques
   D. Soporte del motor

2. ACV significa:
   A. un vehículo accidentado.
   B. valor de mercado.
   C. valor aproximado del coche.
   D. valor aproximado de colisión.

3. El Tasador A afirma que el primer paso en la alineación de las cuatro ruedas es el ángulo de tracción. El Tasador B afirma que el ángulo de comba es la inclinación interior o exterior de la rueda vista desde la parte delantera del vehículo. ¿Quién tiene razón?
   A. Sólo A
   B. Sólo B
   C. Los dos
   D. Ninguno de los dos

4. El Tasador A afirma que al estimar los daños de colisión, nunca se debe reemplazar una pieza de metal laminado con una pieza que no sea OEM. El Tasador B afirma que se deben utilizar piezas OEM para elementos de seguridad. ¿Quién tiene razón?
   A. Sólo A
   B. Sólo B
   C. Los dos
   D. Ninguno de los dos

5. Todas las piezas siguientes son piezas estructurales del vehículo monoestructural, **EXCEPTO:**
   A. riel del bastidor inferior.
   B. panel inferior de puerta.
   C. guardabarros.
   D. soporte del radiador.

6. El número de identificación del vehículo (VIN) incluye todos los datos siguientes, **EXCEPTO:**
   A. código de pintura.
   B. año del modelo.
   C. tipo del motor.
   D. número de producción secuencial.

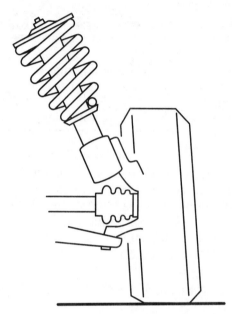

7. Al elaborar un presupuesto, el tasador advierte que el neumático delantero izquierdo aparece inclinado tal y como se indica. El tasador deberá:
   A. incluir los daños en el presupuesto.
   B. comprobar si existen componentes doblados.
   C. reemplazar el soporte.
   D. alinear el vehículo antes de la reparación.

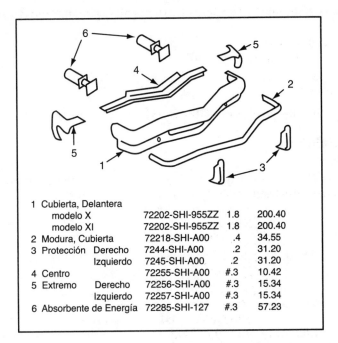

1	Cubierta, Delantera				
	modelo X		72202-SHI-955ZZ	1.8	200.40
	modelo XI		72202-SHI-955ZZ	1.8	200.40
2	Modura, Cubierta		72218-SHI-A00	.4	34.55
3	Protección	Derecho	7244-SHI-A00	.2	31.20
		Izquierdo	7245-SHI-A00	.2	31.20
4	Centro		72255-SHI-A00	#.3	10.42
5	Extremo	Derecho	72256-SHI-A00	#.3	15.34
		Izquierdo	72257-SHI-A00	#.3	15.34
6	Absorbente de Energía		72285-SHI-127	#.3	57.23

8. El Tasador A elabora un presupuesto que estima el tiempo de pintura de cada uno de los rellenos derecho e izquierdo en 0,3. El Tasador B elabora un presupuesto en el que indica que el R&R del absorbente de energía será de 0,3 para cada uno tras haber quitado el parachoques. Basándose en la figura, ¿quién tiene razón?
   A. Sólo A
   B. Sólo B
   C. Los dos
   D. Ninguno de los dos

9. ¿Qué pieza tiene más posibilidades de salir dañada en una colisión frontal entre dos vehículos monoestructurales?
   A. Puerta delantera
   B. Salpicadero
   C. Riel del bastidor inferior
   D. Torre de impacto

10. Resulta dañado un vehículo nuevo de menos de un año. ¿Qué tipo de piezas será más probable que se instalen?
    A. Recuperación
    B. Mercado independiente
    C. Nuevas OEM
    D. Reconstruidas

11. La rueda delantera izquierda de un vehículo monoestructural con una suspensión de soporte McPherson aparece inclinada cuando se visualiza desde la parte delantera del vehículo. ¿Qué pieza dañada es MENOS probable que lo cause?
    A. Soporte
    B. Articulación de la dirección
    C. Brazo de control
    D. Barra estabilizadora

12. Resulta dañado un vehículo de diez años. ¿Qué tipo de piezas será MENOS probable que se instalen?
    A. Recuperación
    B. Mercado independiente
    C. Nuevas OEM
    D. Reconstruidas

Respuestas a las Preguntas de Examen para el Pre-Examen

1. B, 2. B, 3. A, 4. B, 5. C, 6. A, 7. B, 8. B, 9. C, 10. C, 11. D, 12. C

Explicaciones a las Respuestas para el Pre-Examen

1. El cristal fijo se considera estructural. De él depende la distribución de los daños por el vehículo. Los refuerzos del parachoques, las barras laterales de las puertas y los soportes del motor no se consideran piezas estructurales. No modifican el modo en que absorbe la energía el vehículo y no soportan el peso del mismo. **La respuesta B es correcta.**

2. ACV significa valor de mercado. **La respuesta B es correcta.**

3. El primer paso en la alineación de las cuatro ruedas consiste en asegurarse de que las ruedas traseras estén colocadas correctamente. El ángulo de tracción depende de la alineación de las ruedas traseras. La inclinación hace referencia a la inclinación de la parte superior de la rueda cuando se visualiza desde la parte delantera del vehículo. El ángulo de comba es la inclinación hacia atrás o hacia adelante del soporte del eje de espiga cuando se visualiza desde la parte lateral de vehículo. **La respuesta A es correcta.** El Tasador A tiene razón.

4. Muchas piezas de metal laminado se encuentran disponibles en el mercado independiente. La decisión de utilizar piezas del mercado independiente debe tomarse de forma conjunta con el cliente y la compañía aseguradora. El equipo de seguridad sólo suele proporcionarlo el OEM. Los fabricantes de vehículos recomiendan que se reemplacen los elementos de seguridad con piezas OEM nuevas. **La respuesta B es correcta.** El Tasador B tiene razón.

5. Los guardabarros no se consideran piezas estructurales. Los rieles, los paneles inferiores de las puertas y los soportes del radiador son estructurales. **La respuesta C es correcta.**

6. El número de identificación del vehículo (VIN) contiene mucha información acerca del vehículo. Incluye el año del modelo, el tipo de motor, el estilo de la carrocería, el sistema de protección SRS y un número de serie secuencial. No incluye información de código de pintura. **La respuesta A es correcta.**

7. Para que el presupuesto sea lo más exacto posible, el tasador deberá comprobar si existen componentes doblados. Es posible que el soporte no esté doblado, por lo que deberá comprobarse antes de decidir reemplazarlo. No resulta exacto registrar simplemente el daño. Deberá pasar al siguiente paso y comprobar si existen problemas. **La respuesta B es correcta.**

8. El tiempo de pintura no se incluye en esta parte de la guía de cálculo. Figura en las notas de cabecera de página de cada sección. El tiempo de R&R de cada absorbente de energía es de 0,3 horas. **La respuesta B es correcta.** El Tasador B tiene razón.

9. El riel del bastidor inferior está situado delante de la torre de impacto, la puerta y el salpicadero. Por lo tanto, es más probable que resulte dañado. **La respuesta C es correcta.**

10. Un vehículo con tan poca antigüedad suele tener instaladas piezas OEM nuevas. **La respuesta C es correcta.**

11. La articulación de la dirección, el soporte y el brazo de control sitúan a la rueda en un puntal de suspensión. La barra estabilizadora no sostiene la rueda, por lo que si se produce un problema, la rueda no se inclinará. **La respuesta D es correcta.**

12. Es probable que un vehículo de diez años haya utilizado o tenga instaladas piezas de metal laminado del mercado independiente. Las piezas mecánicas suelen ser piezas reconstruidas. No suelen utilizarse piezas OEM nuevas en este tipo de situación. Es posible que el coste de la reparación con las piezas OEM nuevas sea prohibitivo. **La respuesta C es correcta.**

Tipos de Preguntas

Los exámenes de ASE son a menudo considerados difíciles. Y pueden serlo, si no se entiende completamente lo que se está preguntando. Los ejemplos siguientes lo ayudarán a reconocer algunos tipos de preguntas ASE y a evitar los típicos errores.

Cada examen contiene de cuarenta a ochenta preguntas con múltiples opciones. Este tipo de preguntas constituye una manera efectiva de evaluar los conocimientos. Para responder correctamente, deberá considerar cada una de las opciones como una posibilidad y, luego, elegir la que mejor responda a la pregunta. Para ello, lea cuidadosamente cada una de las palabras de la pregunta. No presuponga que la ha entendido hasta haber terminado de leerla.

Preguntas de Opciones Múltiples

Este tipo de preguntas tiene cuatro respuestas, de las cuales sólo una es correcta. Las respuestas incorrectas, no obstante, pueden ser casi correctas, por lo que le aconsejamos no precipitarse eligiendo la primera respuesta que parezca correcta. Si todas las respuestas parecen ser acertadas, elija la que más se ajusta a la verdad. Este tipo de preguntas no plantea ningún problema si usted conoce la respuesta sin necesidad de pensarla dos veces. Si no está seguro, analice la pregunta y las respuestas. Por ejemplo:

Pregunta 1:

El tipo de acero utilizado con más frecuencia en un vehículo es:

A. acero de resistencia superior.
B. acero blando.
C. acero de alta resistencia.
D. acero martensético.

Análisis:

La respuesta A es incorrecta. El acero de resistencia superior no es el que se suele utilizar más a menudo en un vehículo.

La respuesta B es correcta. El acero blando es el tipo de acero más utilizado en un vehículo.

La respuesta C es incorrecta. El acero de alta resistencia no es el que se suele utilizar con más frecuencia en un vehículo.

La respuesta D es incorrecta. El acero martensético es un tipo de acero de resistencia superior.

Preguntas de EXCEPCIÓN

Otro tipo de preguntas que se formulan en las pruebas ASE son aquéllas en las que todas las respuestas son correctas menos una. La respuesta correcta en este tipo de preguntas es la errónea. La palabra "EXCEPTO" va siempre en mayúsculas. Usted debe identificar cuál de las opciones es la respuesta incorrecta. Si lee rápidamente la pregunta, podría pasar por alto lo que realmente le están preguntando y podría responder con la primera afirmación correcta que encontrara. Si esto ocurriera, su respuesta sería incorrecta. He aquí un ejemplo de este tipo de preguntas:

Pregunta 2:

Todos los instrumentos siguientes pueden utilizarse para medir la línea central, **EXCEPTO:**

A. láser.
B. medidor de referencia.
C. banco universal.
D. medidores autocentrantes.

Análisis:

La respuesta A es incorrecta. Un láser puede utilizarse para medir la línea central.

La respuesta B es correcta. Un medidor de referencia no puede utilizarse para medir la línea central.

La respuesta C es incorrecta. Un banco universal puede utilizarse para medir la línea central.

La respuesta D es incorrecta. Un medidor autocentrante puede utilizarse para medir la línea central.

Preguntas "Tasador A, Tasador B"

El tipo de preguntas más frecuentes en un examen de ASE es el de "El Tasador A afirma... El Tasador B afirma... ¿Quién tiene razón?". En este tipo de preguntas, usted debe identificar la afirmación o afirmaciones correctas. Para responder correctamente a este tipo de preguntas, debe leer con detenimiento la afirmación de cada tasador y juzgar su valor para determinar si la afirmación es cierta.

Por lo general, este tipo de preguntas comienza con una afirmación relativa a cierto análisis o procedimiento de reparación. Ésta va seguida de dos afirmaciones relativas a la causa del problema, su inspección adecuada, identificación o las opciones de reparación que se presentan. Se le preguntará si la primera información, la segunda, ambas o ninguna es correcta. Analizar estas preguntas es un poco más fácil ya que sólo hay dos ideas que considerar, aunque sigue habiendo cuatro opciones de respuesta.

Las preguntas de "Técnico A, Técnico B" son en realidad preguntas de verdadero o falso dobles. La mejor forma de analizar este tipo de preguntas es considerar las afirmaciones de cada uno de los tasadores por separado. Pregúntese: ¿es A verdadera o falsa?, ¿es B verdadera o falsa? Después, seleccione una de las cuatro opciones. Es importante recordar que en las preguntas de "Técnico A, Técnico B" de ASE los dos técnicos nunca se llevarán la contraria directamente. Ésta es la razón por la que debe analizar cada afirmación por separado. He aquí un ejemplo de este tipo de pregunta y su análisis.

Pregunta 3:

El Tasador A afirma que los componentes de la suspensión poco dañados pueden enderezarse. El Tasador B afirma que el tasador debe determinar el método más económico para devolver al vehículo dañado el estado original anterior al accidente. ¿Quién tiene razón?

A. Sólo A
B. Sólo B
C. Los dos
D. Ninguno de los dos

Análisis:

La respuesta A es incorrecta. Los componentes dañados de la suspensión deben reemplazarse.

La respuesta B es correcta. Debe determinarse el método de reparación más económico.

La respuesta C es incorrecta.

La respuesta D es incorrecta.

Preguntas con Figura

Un 10 por ciento de las preguntas de ASE incluirán una figura, tal y como se muestra en el siguiente ejemplo:

Pregunta 4:

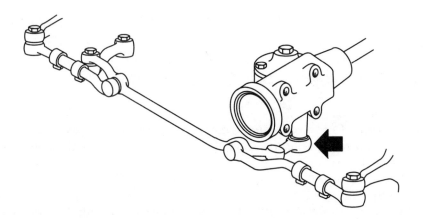

El componente anterior es:
    A. un conector.
    B. un brazo intermedio.
    C. un brazo Pitman.
    D. una biela.

Análisis:

La respuesta A es incorrecta.

La respuesta B es incorrecta.

La respuesta C es correcta. La flecha indica el brazo Pitman.

La respuesta D es incorrecta.

Preguntas Más Probables

Estas preguntas son un tanto difíciles porque sólo hay una respuesta correcta mientras que las otras tres opciones son casi correctas. He aquí un ejemplo:

Pregunta 5:

¿Cuál de las siguientes piezas es más probable que se encuentre disponible en el mercado independiente?
    A. Panel trasero.
    B. Panel de separación.
    C. Pilar central.
    D. Guardabarros.

Análisis:

La respuesta A es incorrecta.

La respuesta B es incorrecta.

La respuesta C es incorrecta.

La respuesta D es correcta. El guardabarros es la pieza que tiene más probabilidades de encontrarse disponible en el mercado independiente.

Preguntas Menos Probables

Tenga presente que en las preguntas más probables no se utilizan mayúsculas. No es así en el tipo de preguntas menos probables. En este tipo de preguntas, tiene que buscar la opción que describa la causa menos probable de la situación descrita. Lea toda la pregunta atentamente antes de contestar. He aquí un ejemplo:

Pregunta 6:

¿Cuál de los siguientes componentes eléctricos es MENOS probable que se dañe en una colisión frontal?

A. Faro
B. Arranque
C. Luz de intermitente
D. Batería

Análisis:

La respuesta A es incorrecta. Es probable que se dañe el faro en una colisión frontal.

La respuesta B es correcta. El arranque es el elemento de la lista que tiene menos probabilidades de dañarse.

La respuesta C es incorrecta. Es probable que se dañe la luz de intermitente en una colisión frontal.

La respuesta D es incorrecta. La batería tiene más probabilidades de resultar dañada que el arranque.

Resumen

Las preguntas de ASE no contienen opciones del tipo "ninguna es correcta", "todas son correctas". ASE no utiliza otro tipo de preguntas, como por ejemplo, las que consisten en rellenar huecos, completar, decidir si algo es verdadero o falso, relacionar palabras o escribir una redacción. ASE no le pedirá que dibuje diagramas ni esquemas. Si para responder a la pregunta se necesita una fórmula o un diagrama, éstos ya vienen dibujados. No necesitará una calculadora para responder a las preguntas ASE.

Duración del Tiempo de Examen

Los exámenes de ASE duran cuatro horas y quince minutos. Puede hacer un máximo de cuatro exámenes en cada sesión. No obstante, se recomienda no responder a más de 225 preguntas en cada una. Esto le permitirá disponer de un poco más de un minuto para cada pregunta.

Las visitas no están permitidas. Si necesita abandonar el aula del examen por alguna razón, debe pedir permiso. Si ha terminado el examen antes de que acabe el tiempo y desea irse, deberá esperar hasta que le indiquen que puede abandonar el recinto.

Controle Su Progreso

Le aconsejamos que controle su progreso y que se imponga un límite de tiempo para cada pregunta. Calcule dicho límite en función del número total de preguntas. Lleve consigo un reloj, ya que los relojes de pared no siempre son visibles desde todos los ángulos del aula.

Matriculación

Los centros de examen se asignan por orden de solicitud. Para realizar un examen de ASE, hay que matricularse al menos seis semanas antes de la fecha programada para el examen. Este tiempo es suficiente para garantizar una plaza en el centro de examen. También debería ser suficiente para preparar el examen. ASE realiza exámenes dos veces al año, en los meses de mayo y noviembre, en 600 puntos de Estados Unidos. Algunos exámenes relacionados con pruebas de emisiones también se realizan en el mes de agosto en algunos estados.

Para matricularse, póngase en contacto con el Instituto Nacional de Excelencia Automotriz (ASE)/Institución examinadora de enseñanza superior norteamericana (ACT), en:

ASE/ACT
P.O. Box 4007
Iowa City, IA 52243

4 Una Visión General del Sistema

Análisis y Estimación de Daños (Examen B6)

En la siguiente sección se incluyen las áreas de tareas y las listas de tareas para este examen, así como una visión general de los temas incluidos en el examen.

La lista de tareas describe el trabajo real que debe poder realizar como técnico y sobre el que ASE (Excelencia del Servicio Automotriz) lo examinará. Ésta es su clave para el examen y debe revisar esta sección detenidamente. Nuestros exámenes de prueba y las preguntas adicionales se basan en estas tareas y la sección de visión general también puede servirle de apoyo para entender la lista de tareas. ASE informa de que puede que las preguntas del examen no sean iguales al número de tareas de la lista; la lista de tareas indica lo que ASE espera que usted sepa realizar y los conocimientos para los que debe estar preparado para ser examinado.

Al final de cada pregunta de las secciones Examen de Prueba y Preguntas Adicionales de Examen, se utilizarán una letra y un número como referencia a la sección correspondiente para estudio adicional. Observe el siguiente ejemplo: **D1.**

Lista de Tareas

D. Construcción del vehículo (6 preguntas)

Tarea D1 Identificar el tipo de construcción del vehículo (estructura espacial, monoestructural, bastidor total)

Ejemplo:

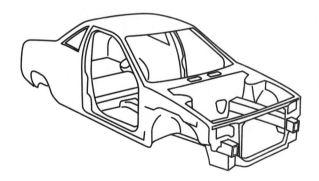

29. La figura muestra:
    A. una estructura espacial.
    B. un vehículo monoestructural.
    C. un bastidor completo.
    D. un bastidor parcial.

(D1)

Pregunta nº 29
La respuesta A es incorrecta.
La respuesta B es correcta. La figura anterior muestra una construcción de un vehículo monoestructural.
La respuesta C es incorrecta.
La respuesta D es incorrecta.

Lista de Tareas y Visión General

A. Análisis de daños (15 preguntas)

Tarea A1 **Colocar el vehículo en una posición adecuada para la inspección.**

Antes de calcular los daños de un vehículo, es necesario que el vehículo esté en una zona bien iluminada en la que se puedan identificar fácilmente todos los componentes dañados. La zona no deberá estar obstruida y deberá ser lo suficientemente amplia para inspeccionar adecuadamente el vehículo afectado. También se recomienda que la ubicación de la inspección esté equipada con la capacidad de elevar el vehículo para inspeccionar los posibles daños de la suspensión o de la parte inferior de la carrocería.

Tarea A2 **Preparar el vehículo para su inspección y proporcionar acceso a las zonas dañadas.**

Para calcular los daños reales, se debe obtener acceso visual por medio de la retirada de componentes que puedan dificultar la visión de las zonas dañadas al tasador. Es posible que sea necesario desmontar la zona parcialmente para poder inspeccionar y calcular los daños de forma detallada. También se recomienda limpiar la suciedad y la sal que se haya podido encontrar en la carretera para no dificultar al tasador el examen de los daños del vehículo.

Tarea A3 **Analizar los daños para determinar los métodos adecuados de reparación general.**

Al analizar los daños para determinar los métodos adecuados de reparación general, el tasador deberá evaluar el coste de la reparación de la zona afectada contraponiéndolo al coste de sustitución. El tasador también deberá evaluar la calidad de la reparación en comparación con la sustitución de paneles para garantizar la integridad, la seguridad y la duración de la reparación.

Tarea A4 **Determinar la dirección, el punto de impacto y la gravedad de los daños directos e indirectos.**

Al estimar los daños de la colisión, el tasador deberá determinar la dirección y el punto de impacto. El punto de impacto constituirá daños directos. La información puede obtenerse por medio de una inspección visual, el diálogo con el cliente o un informe policial. La inspección visual deberá incluir el ajuste y el acabado de los paneles. Examine las superficies flexibles para comprobar si existen grietas producidas por la tensión. Deberá examinarse el interior del vehículo para comprobar si se han producido daños indirectos. Los daños indirectos pueden encontrarse en cualquier parte del vehículo, excepto en el punto de impacto.

Tarea A5 **Identificar y registrar daños previos**

Los daños previos, como la oxidación o abolladuras de las puertas, pueden repararse al mismo tiempo que los daños actuales. De este modo, se mejorará el estado del vehículo en comparación con el estado anterior al accidente actual. La compañía aseguradora puede cobrar la mejora al propietario del vehículo. Los cargos de mejora se aplican a situaciones en las que el estado del vehículo mejora en comparación con el estado anterior a los daños actuales durante la reparación de esos daños. No obstante, en determinadas situaciones, no pueden aplicarse (por ejemplo, cuando existen daños leves de la pintura en la zona del daño actual que se pueden reparar mejor si se pinta todo el panel en lugar de realizar una mezcla de la pintura).

Tarea A6 Determinar la viabilidad económica de la reparación y el valor aproximado de venta al público, recuperación y reparación.

Deberá repararse el vehículo de la forma más económica sin que se comprometa la integridad, la seguridad ni la duración. El tasador deberá consultar una guía de precios de coches usados para determinar el valor de venta al público y el de mayoristas. Si el coste de la reparación es superior a la suma del valor de venta al público sumado al valor de recuperación, el vehículo se considera como pérdida total y no se suele reparar. Los vehículos considerados como "Pérdida total" tienen un valor de recuperación en función de la gravedad de los daños.

Tarea A7 Realizar una inspección visual de los componentes y miembros estructurales y determinar si resulta necesario repararlos o reemplazarlos.

Puesto que los miembros estructurales sostienen el vehículo y protegen a sus ocupantes, el diagnóstico y la reparación correcta de los paneles estructurales tiene una importancia máxima. Se requiere un examen visual detallado de las piezas estructurales de acero de gran resistencia dañadas. Si una pieza estructural está retorcida, es decir, deformada más de 90 grados en un radio corto, se pierde la fuerza de la pieza. Si está doblada y no retorcida, deformada menos de 90 grados en un radio corto, es posible repararla y que continúe manteniendo toda la fuerza. En general, los miembros estructurales retorcidos deben reemplazarse, mientras que los miembros doblados deben repararse cuidadosamente.

Tarea A8 Identificar daños estructurales por medio de herramientas y equipo de medición.

Para cuantificar los daños estructurales, se utilizan las siguientes herramientas:
1. Medidor de referencia—para medir la longitud, la anchura y la diagonal
2. Medidores autocentrantes—para medir la línea central y la altura
3. Láser—para medir la longitud, la anchura, la diagonal, la línea central y la altura. Este tipo de sistema también puede incluir un computador para llevar a cabo el análisis de la información de daños.

El equipo siguiente puede utilizarse para cuantificar los daños, pero su utilidad principal es la reparación del vehículo y no el cálculo de los daños.
1. Banco especial—Los accesorios indican daños del vehículo.
2. Banco universal—Los indicadores muestran los daños.

Pueden utilizarse guías de dimensiones de vehículos para determinar las dimensiones reales.

Tarea A9 Realizar una inspección visual de los componentes y miembros no estructurales y determinar si resulta necesario repararlos o reemplazarlos.

Las piezas no estructurales, como guardabarros, puertas, capós, puertas del maletero, paneles traseros y parachoques, deben examinarse detalladamente para determinar si resulta necesario repararlas o reemplazarlas. Si el coste de la reparación es superior al de la sustitución, deberá reemplazarse la pieza. En numerosas ocasiones, las piezas de bajo coste, como los guardabarros, se suelen reemplazar incluso cuando es posible repararlas porque el coste de la reparación es superior al de la sustitución. Las piezas más caras, como las puertas, pueden repararse mediante la sustitución del panel de la puerta. La placa dañada del parachoques puede repararse con adhesivos. El tasador deberá comprobar que todas las puertas, capós y puertas del maletero funcionan correctamente. Las deformaciones pueden indicar daños de las bisagras.

Tarea A10 Determinar las piezas y los componentes necesarios para la reparación correcta.

El tasador deberá utilizar una guía de cálculo de colisiones para determinar las piezas que se requieren para la reparación. Se recomienda empezar en el punto de impacto y trabajar hacia el centro del vehículo. La guía de cálculo de colisiones puede utilizarse como referencia de números y ubicaciones de piezas. Los conjuntos de varias piezas, como los parachoques, tendrán incluidas por separado las piezas en la guía.

Tarea A11 Identificar el tipo y el estado del acabado y determinar si es necesario el acabado.

El acabado del vehículo puede consistir en una etapa (sólo el color), capa de base/capa final o tres capas (color de base, capa perla intermedia y capa final). Para determinar si un color no blanco es una etapa o una capa final, lije el panel dañado para comprobar si el polvo del lijado es blanco o del color del vehículo. Si es blanco, el vehículo tiene una capa final. Si es del mismo color que el vehículo, la pintura es de una etapa. El código de pintura, ubicado en el vehículo, y el libro de colores del fabricante de la pintura sirven para determinar si un vehículo blanco tiene una capa final o tres capas. El estado del acabado de la pintura puede determinarse mejor si se examina el vehículo lejos de la luz solar directa, dentro del taller. Compruebe si la pintura tiene aspecto apagado, está desconchada, tiene restos de pulverización de un acabado anterior u óxido.

El acabado de la mayoría de los paneles de recambio deberá rectificarse. Los guardabarros, capós, puertas, paneles traseros y todos los otros paneles pintados OEM se suministran como piezas de recambio sin pintar. La única excepción la constituyen algunas piezas de plástico, como las tapas del parachoques, que pueden haberse moldeado en color.

Tarea A12 Identificar los daños de la suspensión, los daños eléctricos y los daños de los componentes mecánicos.

A la hora de calcular los daños físicos, el tasador deberá conocer y registrar (puede ser necesario un diagnóstico más exhaustivo) cualquier daño conocido o posible de los componentes de la suspensión, componentes eléctricos y del cableado así como de cualquier otro componente mecánico que haya podido resultar afectado. Deberá utilizarse el manual de reparación del vehículo para determinar los procedimientos adecuados.

Para averiguar si existen daños de la dirección y de la suspensión en un vehículo de tracción delantera, lleve a cabo estas comprobaciones:

1. Gire el volante en una dirección hasta bloquearlo para centrarlo.
2. Gire el volante en dirección contraria hasta bloquearlo. Cuente el número de giros.
3. Divida el número de giros, de bloqueo a bloqueo, entre 2. Este número es la mitad del número de giros de bloqueo a bloqueo.
4. Gire el volante la mitad del número de bloqueo a bloqueo. Marque la parte superior del volante con un trozo de cinta de enmascarar.
5. Compruebe el volante. Si no está centrado, sospeche de la existencia de daños en la caja de la dirección.
6. Compruebe las ruedas delanteras. Si no están apuntando al frente, sospeche de la existencia de daños en el brazo de la dirección.
7. Empuje hacia abajo y suelte el parachoques delantero para comprimir la suspensión delantera. Controle la cinta del volante.
8. Si la rueda gira al comprimir la suspensión, sospeche de la existencia de una mala alineación de la cremallera de dirección.
9. Determine un punto de referencia y gire una rueda para comprobar si la rueda o el eje están doblados.
10. Mida la distancia del rotor al puntal para determinar si está doblado un puntal.

Tarea A13 Identificar los daños de los sistemas de seguridad y los requisitos de reparación correspondientes.

Deberán inspeccionarse los cinturones de seguridad. Consulte las instrucciones del fabricante sobre los criterios de sustitución. Los cinturones de seguridad que soportan demasiada tensión, están dañados o desgastados deberán reemplazarse.

Cada fabricante tiene requisitos distintos para la inspección y reparación de sistemas de bolsas de aire tras su desplegado. Algunos fabricantes (aunque no todos) requieren que se cambien todos los sensores de determinados modelos y años. Las bolsas de aire desplegadas no pueden reconstruirse ni volver a acondicionarse.

Tarea A14 Identificar los daños de los componentes interiores.

Una parada brusca dispersa toda la energía cinética de un vehículo en movimiento, lo que incluye a sus ocupantes y a otros objetos del interior del vehículo. La energía cinética la determinan el peso y la velocidad del vehículo. La fuerza de la inercia de la parada repentina sobre los ocupantes puede ejercer demasiada presión o dañar el asiento y las piezas del cinturón de seguridad. Los daños pueden consistir en cinturones de seguridad dañados o desgastados. Deberán examinarse para comprobar los daños. La fuerza de la inercia de la parada de objetos sueltos del interior del vehículo, tanto en el compartimento de pasajeros como en el maletero, puede provocar daños adicionales y se considera como parte de la pérdida.

Tarea A15 Identificar los daños de accesorios y modificaciones.

Al calcular los daños, el tasador deberá tomar nota de todos los accesorios y de las modificaciones del vehículo. Deberán incluirse en el presupuesto, puesto que no son estándar y, por lo tanto, no figuran en las guías de reparación publicadas.

B. Estimación (28 preguntas)

Tarea B1 Determinar y registrar la información del seguro del cliente.

Antes de realizar una evaluación completa de daños físicos, el tasador deberá registrar primero la información del cliente:

1. Nombre
2. Domicilio
3. Teléfono del domicilio
4. Teléfono del trabajo

También deberá obtenerse la información del seguro. Resulta útil registrar la siguiente información del seguro:

1. Nombre de la compañía aseguradora
2. Nombre del representante para la reclamación
3. Número de teléfono del representante para la reclamación
4. Número de reclamación

Tarea B2 Registrar el número de identificación del vehículo (VIN), la marca, el modelo, el año, la fecha de producción, el estilo de la carrocería, el nivel de accesorios, el código de pintura, el motor, la transmisión, el kilometraje y la información de la placa de matrícula.

El tasador también deberá rellenar toda la información del vehículo: el número de identificación del vehículo (VIN), la marca, el modelo, el año, la fecha de producción, el estilo de la carrocería, el nivel de accesorios, el código de pintura, el motor, la transmisión, el kilometraje y la información de la placa de matrícula. Identifique todas las opciones y anótelas. Es posible que algunas de las opciones no influyan en la reparación, pero una lista completa resultará útil más adelante a la hora de trabajar con la información de la reparación de colisiones. Todas estas opciones también son importantes cuando se necesita saber el valor de mercado del vehículo, es decir, el precio de venta estimado de un vehículo antes de la pérdida.

Tarea B3 Identificar las opciones, las condiciones, los accesorios y las modificaciones.

Es necesario identificar las opciones, las condiciones, los accesorios y las modificaciones para solicitar las piezas correctas. Muchas piezas son específicas para determinadas opciones y paquetes de accesorios. Es posible que sean necesarias operaciones de mano de obra adicionales para vehículos con opciones y combinaciones de accesorios distintas. Además, si se ha modificado el vehículo, pueden resultar necesarias tiempo y operaciones adicionales de mano de obra para trabajar en la zona modificada.

Deberán crearse tres copias como mínimo del presupuesto escrito: una para el taller, otra para la compañía aseguradora y otra para el cliente. Los presupuestos son ofertas aproximadas válidas durante un periodo determinado de tiempo, normalmente 30 días. El periodo de tiempo es limitado debido a que los precios de las piezas pueden variar y las piezas dañadas pueden deteriorarse.

Tarea B4 Identificar los sistemas de seguridad y determinar las reparaciones necesarias.

Los sistemas de seguridad del vehículo deben identificarse durante el proceso de evaluación. El vehículo puede tener bolsas de aire simples o dobles. También puede incluir un número ilimitado de bolsas de aire laterales de protección. Algunos vehículos tienen además bolsas de aire para las rodillas o los pies. También puede incluir tensores para los cinturones de seguridad. Normalmente, estos tensores se despliegan con las bolsas de aire. Cada fabricante tiene recomendaciones específicas acerca de las piezas que deben cambiarse tras el despliegue de la bolsa de aire y las piezas que pueden inspeccionarse y cambiarse en caso de resultar dañadas. La mejor forma de identificar los sistemas de seguridad del vehículo es a partir del número de identificación del vehículo (VIN). Uno de los dígitos del número VIN indica los sistemas de protección SRS del vehículo.

Tarea B5 Aplicar la nomenclatura (terminología) adecuada de presupuestos.

Abreviaturas y términos habituales:

- R&R—retirar y reemplazar.
- R&I—retirar e instalar.
- Revisión general—desinstalar un conjunto del vehículo y desmontar, limpiar, inspeccionar, cambiar las piezas necesarias, volver a montar, instalar y ajustar (excluida la alineación).
- Operaciones incluidas—operaciones que se pueden realizar por separado, pero que también forman parte de otra operación.

Tarea B6 Aplicar la nomenclatura (terminología) adecuada de piezas.

La terminología de reparación de automóviles hace referencia a piezas de la parte derecha e izquierda del vehículo desde el punto de vista del conductor. Las piezas que forman una unidad se denominan conjuntos. Las piezas intercambiables son aquellas comunes a dos o más tipos de vehículos, como los capós, los guardabarros y las puertas. Las piezas se identifican mediante un número de pieza. Los conjuntos se componen de varias piezas (por ejemplo, los parachoques). El conjunto del parachoques se compone de una placa (cubierta), un refuerzo y un amortiguador.

Tarea B7 Determinar y aplicar la secuencia adecuada de elaboración del presupuesto.

Cada guía de cálculo de colisiones de vehículos domésticos se refiere a un fabricante de vehículos (por ejemplo, Ford). En el caso de vehículos importados, cada guía se ocupa de una región de origen (por ejemplo, Asia). Cada guía contiene varios modelos de vehículos, como Escort o Camry. A su vez, cada modelo de divide en conjuntos principales, como el guardabarros o el motor. Se incluyen las piezas que se suelen dañar con más frecuencia. Los conjuntos siguen un orden desde la parte delantera del coche hasta la parte trasera. Debido al número de piezas, el tasador deberá utilizar una secuencia de cálculo que siga la guía. Para un choque frontal, empiece en la parte trasera y siga hacia la parte delantera. Vaya pasando por cada sección de conjuntos.

Tarea B8   Utilizar las páginas de procedimientos de la guía de cálculo.

Las páginas de procedimientos (P) de una guía de cálculo de colisiones contienen operaciones de mano de obra incluidas y no incluidas para cada conjunto principal del vehículo. Por ejemplo, para el cambio del guardabarros, se incluye la sustitución de la luz de contorno lateral y la luz de intermitente. Los elementos que no se incluyen en el cambio del guardabarros son la retirada del parachoques frontal, el acabado, el cambio de las calcomanías y el taladrado de agujeros. El tasador deberá estar familiarizado con las páginas "P", puesto que estas páginas contienen las operaciones que están incluidas en las asignaciones de mano de obra de las secciones de los conjuntos de piezas. Por ejemplo, si se va a cambiar el guardabarros del vehículo y resulta necesario retirar el parachoques frontal para obtener acceso al guardabarros, el tasador deberá añadir tiempo adicional de mano de obra para cubrir la retirada del parachoques. De lo contrario, se habrá retirado el parachoques de forma gratuita.

Tarea B9   Aplicar las notas a pie de página y de la cabecera de página cuando sea necesario.

Las notas de cabecera de página de cada conjunto principal incluyen los tiempos de Acabado, R&I y Revisión general. Las notas a pie de página contienen los elementos incluidos y no incluidos que difieren de los de las páginas "P". A la hora de escribir un presupuesto, siempre se deberán tener en cuenta las notas de cabecera y de pie de página.

Tarea B10   Calcular el valor de la mano de obra para las operaciones que requieren una opinión.

Los paneles poco dañados pueden repararse en lugar de cambiarse. El tasador deberá calcular el tiempo de la reparación. También se denomina tiempo de opinión. Deberá incluir el tiempo que tardará el técnico de reparación en analizar los daños, planificar la reparación, anclar el vehículo en caso necesario, desbastar con equipo hidráulico o herramientas manuales, retirar la pintura, aplicar el acabado de metal o aplicar el relleno, secar el relleno, lijar el relleno, aplicar la capa base y lijar con bloque. Si se necesita retirar paneles para obtener acceso, el tiempo de opinión deberá incluir la mano de obra adicional.

Tarea B11   Seleccionar el valor adecuado de la mano de obra para cada operación (estructural, no estructural, mecánica y de acabado).

La asignación de mano de obra para las operaciones depende del año, marca, modelo, estilo de la carrocería y opciones del vehículo. El tipo de acabado del vehículo hace que varíen los valores de la mano de obra. Los cálculos de tiempos de mano de obra y costes del material variarán en función de si el acabado es capa de base/capa final o de una etapa. El tasador deberá ser capaz de consultar la guía de cálculo de colisiones y seleccionar la asignación de mano de obra adecuada para cada aspecto del vehículo.

Tarea B12   Seleccionar y asignar un precio a las piezas OEM y comprobar su disponibilidad.

Las guías de cálculo de colisiones incluyen los números de pieza y los precios de las piezas OEM. Es posible que los números de pieza de las piezas situadas a la derecha y a la izquierda aparezcan juntos. En ese caso, si el número es 123456-7, aparece primero la pieza situada a la derecha, 123456, y la pieza situada a la izquierda se incluye a continuación, 123457. En algunos casos, las piezas son intercambiables. En otros casos, es posible que las piezas OEM ya no se encuentren disponibles. Se indicará entonces que ya no se fabrican. En ocasiones, no se incluye el precio de las piezas. El tasador tendrá entonces que llamar al distribuidor OEM para consultar el precio de la pieza.

Tarea B13 Seleccionar y asignar un precio a las piezas del mercado independiente y comprobar su disponibilidad.

Las piezas no OEM también se denominan piezas del mercado independiente. Suele tratarse de las piezas que se dañan más a menudo, como los guardabarros, los parachoques, los capós y las luces. El número de piezas disponibles del mercado independiente está aumentando cada vez más. Los precios y los números de pieza se incluyen en catálogos proporcionados por los mayoristas o los distribuidores de venta por correo. Aunque se incluya el número de pieza, es posible que la pieza no se encuentre disponible. El tasador deberá llamar al proveedor para comprobar si se encuentra disponible la pieza. Las piezas del mercado independiente suelen ser más económicas que las piezas OEM.

Tarea B14 Seleccionar y asignar un precio a las piezas recuperadas/usadas y comprobar su disponibilidad y estado.

Las piezas recuperadas o usadas suelen venderse como conjuntos; por ejemplo, una puerta usada incluiría el forro exterior, el regulador, el cristal y los burletes. Las piezas usadas suelen costar aproximadamente la mitad del precio OEM. Su disponibilidad suele ser limitada. Obviamente, la disponibilidad de las piezas usadas de los vehículos más comunes será mayor que la de los vehículos menos comunes. El estado de las piezas usadas es variable. Entre los problemas que se suelen producir con las piezas usadas, figuran las reparaciones anteriores, el óxido y las abolladuras. Para averiguar el precio, la disponibilidad y el estado de las piezas usadas, llame a la empresa de desguaces. Normalmente, el tasador aumenta el precio de la pieza usada en un 20-25% para determinar el precio que paga el cliente. Si la pieza usada está en mal estado, el tasador deberá negociar con la empresa de desguaces para establecer un precio que cubra la reparación adecuada de la pieza.

Tarea B15 Seleccionar y asignar un precio a las piezas reconstruidas o acondicionadas de nuevo y comprobar su disponibilidad.

Algunas piezas se encuentran disponibles reconstruidas o acondicionar de nuevo. Las piezas acondicionadas de nuevo suelen ser los guardabarros, tanto de plástico como de metal. En ocasiones, los parachoques metálicos que se han vuelto a acondicionar se denominan cromados. Las piezas reconstruidas suelen ser las piezas del motor, como las bombas de agua, los alternadores o motores como los reguladores de los elevalunas eléctricos. Los precios se incluyen en catálogos proporcionados por los mayoristas o los distribuidores de venta por correo. Deberá consultar al proveedor acerca de la disponibilidad de las piezas.

Tarea B16 Determinar el precio y la fuente de las operaciones de subcontratación necesarias.

Las operaciones de subcontratación son reparaciones que el taller no puede llevar a cabo y envía a otro taller para su realización. Entre las operaciones más habituales de subcontratación, figuran las reparaciones de los radiadores, la recarga del sistema de aire acondicionado, el remolque, la alineación del extremo delantero y la sustitución de las bolsas de aire. El taller suele disponer de un proveedor fijo para las operaciones de subcontratación. Es posible que el taller de subcontratación cobre al taller principal una tarifa inferior a la estándar por los servicios. No obstante, el taller cobrará al cliente la tarifa estándar. Si el taller de subcontratación cobra la tarifa habitual al taller principal, éste aumentará el cargo por subcontratación en un 20–25%.

Tarea B17   Determinar el valor, los precios, los cargos, la asignación o las tarifas de la mano de obra para operaciones no incluidas y elementos varios.

Es posible que las piezas del mercado independiente requieran más tiempo para su instalación que las piezas OEM. El tasador deberá tener en cuenta este tiempo de mano de obra adicional. El precio o el tiempo de mano de obra de los accesorios del mercado independiente, como los paneles de circulación o líneas decorativas, no figura en la guía de cálculo de colisiones. El tasador deberá determinar el precio de estas piezas y la asignación de la mano de obra para la instalación.

Tarea B18   Identificar y aplicar las deducciones de solapa, las operaciones incluidas y las adiciones.

Cuando se cambian dos paneles y tienen una junta en común, la sustitución de uno de los paneles facilitará la sustitución del otro panel. Esto se denomina solapa. La solapa se deduce del tiempo de mano de obra de uno de los paneles. Por ejemplo, si se cambia un panel lateral y un panel trasero de la carrocería, el tiempo de mano de obra de la sustitución del panel lateral de un Mustang de 1993 es de 16 horas. El tiempo de mano de obra de sustitución del panel trasero de la carrocería es de 7,5 horas. La guía de cálculo de colisiones indica que ha de deducirse 1,5 horas de la mano de obra del panel trasero de la carrocería por cada panel lateral retirado. En este caso, el tiempo de mano de obra del panel lateral será de 16 horas y el del panel trasero de 6 horas. La solapa también se aplica al acabado.

Las operaciones incluidas son los tiempos de mano de obra que forman parte de una operación. Se incluyen en cada sección de la guía de cálculo de colisiones. Las páginas "P" contienen las operaciones incluidas. Las operaciones incluidas de carácter más específico figuran en las secciones de la guía de cálculo de colisiones. Por ejemplo, en las páginas "P", el R&I del parachoques delantero no está incluido en la sustitución del soporte del radiador. No obstante, en un Escort de 1998, en la sección de la estructura interna delantera, el R&I del conjunto del parachoques delantero aparece incluido en el R&R del soporte del radiador. El tasador puede determinar la mano de obra incluida por medio de la consulta de las páginas "P" y de las notas de cada sección.

Deberán realizarse adiciones si se requiere una operación que no figura como incluida. Por ejemplo, la sustitución de la esquina de la cabina de una camioneta no incluye el R&I de la bancada. Si resulta necesario retirar la bancada para obtener acceso al sustituir la esquina de la cabina, se deberá realizar una adición para el R&I de la bancada. El tiempo de mano de obra del acabado se incluye en las guías de cálculo de colisiones. Puede tratarse de una adición o de una solapa. Por ejemplo, si se va a cambiar un guardabarros, la guía puede incluir 2,5 horas para volver a pintar la parte exterior del guardabarros. También se tienen que pintar los bordes del guardabarros, por lo que la guía incluye 0,5 horas para esta tarea. El tiempo total del acabado sería de 3 horas. Cuando se realiza el acabado de varios paneles, sin incluir los parachoques pintados, se deberá incluir una deducción de solapa para cada panel. Si los paneles pintados son adyacentes, se incluye una deducción de 0,4 horas. Si los paneles no son adyacentes, se incluye una deducción de 0,2 horas. Por ejemplo, si se necesita volver a pintar el guardabarros derecho, la puerta derecha y el panel lateral derecho, el tiempo de acabado del guardabarros será de 2,5 horas, el de la puerta 3 horas y el del panel lateral 3 horas. El tiempo total es de 8,5 horas. Se deduce una solapa de 0,8: 0,4 para la puerta y 0,4 para el panel lateral. Por lo tanto el tiempo de acabado será de 7,7 horas.

El tiempo de aplicación de la capa transparente se añade al del acabado a un ritmo de 0,4 por hora de acabado para el primer panel más 0,2 por hora de acabado por cada panel adicional. En el ejemplo de la reparación lateral, el tiempo de la capa final sería 2,5 x 0,4 = 1,0 para el guardabarros, el primer panel principal más 3,0 x 0,2 = 0,6 para la puerta y 3,0 x 0,2 = 0,6 para el panel lateral. El tiempo total de la capa final sería 1,0 hora + 0,6 horas + 0,6 horas o 2,2 horas. La pintura de tres etapas se calcula de forma similar, con la diferencia de que se utiliza 0,7 por hora de acabado para el primer panel más 0,4 por hora de acabado para cada panel adicional. La pintura de dos tonos se calcula a 0,5 por hora de acabado para el primer panel principal más 0,3 por hora de acabado para cada panel adicional. Los paneles de colores mezclados se calculan a 0,5 por hora de acabado.

Tarea B19 Determinar materiales y cargos adicionales.

El tasador tiene que poder incluir en el presupuesto asignaciones de materiales o cargos adicionales que puedan ser necesarios para finalizar la reparación. Incluyen, sin estar limitados a ellos, materiales para la reparación de la carrocería, protección contra la oxidación, disolventes, fijadores y materiales de limpieza. No se incluyen elementos como los emblemas o las calcomanías.

Tarea B20 Determinar materiales y cargos de acabado.

Los costes de los materiales de acabado pueden calcularse de dos formas; ambas incluyen el número de horas de acabado. En uno de los métodos, el número de horas de acabado se multiplica por una cantidad de dinero. Por ejemplo, si el vehículo requiere 6 horas de tiempo de acabado y el taller cobra $20,00 por hora de acabado, el importe de materiales de acabado será 6 horas x $20/hora o $120,00. Existen libros de referencia que utilizan el código de pintura y las horas de acabado para determinar los costes de los materiales de acabado. El tasador sólo necesita buscar el código de pintura y las horas de acabado correspondientes. Se incluyen los costes de los materiales de acabado.

Tarea B21 Determinar los procedimientos de corte en caso necesario y establecer los valores de la mano de obra.

Al reemplazar paneles principales, el tasador deberá consultar los manuales de reparación del fabricante del equipo original (OEM) y otras fuentes de confianza para determinar si se puede cortar el panel y en qué punto y si el procedimiento modifica el valor de la mano de obra de la operación de base. El cortado sustituye únicamente una sección de una pieza en lugar de cambiar toda la pieza utilizando las uniones de fábrica. Es fundamental que el procedimiento haya sido aprobado por el OEM, de forma que no se vea afectada la integridad estructural del vehículo. Si se realiza el corte de forma correcta, el vehículo será tan seguro y duradero como cuando se recibe de la fábrica. Algunos fabricantes tienen procedimientos de corte. Es posible que los fabricantes no permitan el corte de algunas piezas. Puede que el diseño de las piezas no permita su corte. También es posible que no exista un buen punto para cortar la pieza. Las guías de cálculo de colisiones suelen contener puntos de corte y la asignación de mano de obra. La asignación de la mano de obra para el corte suele ser inferior a la de la sustitución del panel entero. Es posible que los manuales del OEM incluyan puntos de corte estructurales, pero no contienen el tiempo de mano de obra. Los miembros estructurales que estén doblados pero no retorcidos pueden repararse y ser tan robustos como los originales. El enderezamiento del bastidor consiste en anclar el vehículo para inmovilizarlo y, a continuación, tirar y aliviar la tensión de los miembros dañados para restablecer su ubicación correcta. El procedimiento consistiría exactamente en lo siguiente: anclar el vehículo, medir, planificar la secuencia de reparación, colocar abrazaderas y/o cadenas, enganchar el equipo para tirar de los miembros, aplicar tensión, golpear con el martillo de muelle para aliviar la tensión y volver a medir. Una vez conseguida la alineación del bastidor, se retiran las abrazaderas, las cadenas y el anclaje. El tasador deberá poder incluir el tiempo de mano de obra necesario para realizar todas estas tareas.

Tarea B22 Determinar los requisitos de medida estructurales, diagnosticar y establecer los valores de la mano de obra.

Los bastidores pueden medirse con calibradores, indicadores mecánicos, láser y ordenadores. Los vehículos con daños estructurales deberán diagnosticarse para determinar la ubicación y la gravedad de los daños estructurales. El tasador deberá crear una asignación de mano de obra que indique el tiempo de medición y diagnóstico de un bastidor dañado. No se han establecido criterios fijos debido a la amplia variedad de sistemas de medición disponibles. El tasador deberá crear asignaciones de mano de obra para la medición en función de su experiencia con el equipo de medición del taller. El tiempo de medición no incluye la tracción de los miembros dañados.

Tarea B23 Determinar los requisitos de enderezamiento estructurales necesarios, definir los procedimientos de configuración y establecer los valores de la mano de obra.

El equipo de reparación del bastidor puede ser un sistema de sujeción al suelo con torres, un banco en el que se instala el vehículo o un sistema de bastidor en el que se ubica el vehículo. Todos los sistemas incluyen dispositivos de anclaje del vehículo. La tracción se lleva a cabo con torres o brazos hidráulicos. Los tiempos de configuración son muy variables. Es posible que el taller utilice una combinación de sistemas y emplee un sencillo sistema de sujeción al suelo para los daños leves y un banco para daños graves. El tasador deberá definir pautas para determinar el tiempo de configuración requerido para colocar el vehículo, para anclar el vehículo y para colocar las torres.

Tarea B24 Utilizar conocimientos matemáticos para calcular los cargos y los totales.

El tasador deberá saber sumar, restar y multiplicar. Los totales del presupuesto de mano de obra, piezas, materiales e impuestos son una combinación de estas operaciones matemáticas.

Tarea B25 Interpretar presupuestos informáticos y escritos a mano y comprobar que la información del sistema está actualizada.

Los formularios para presupuestos escritos a mano suelen tener columnas marcadas como "reparar", "cambiar" y "subcontratar". El tasador marca la columna adecuada a medida que escribe el presupuesto. Suelen utilizarse abreviaturas para referirse a los paneles de la carrocería; por ejemplo, "p.t." significa panel trasero. Los presupuestos informáticos también utilizan abreviaturas. En algunos presupuestos informáticos, se indica el tipo de pieza: —nueva OEM, nueva mercado independiente o usada—. Las palabras "reparar" y "cambiar" aparecen impresas antes del nombre del panel; por ejemplo, reparar guardabarros izquierdo.

Puesto que los precios de reparación suelen variar a menudo, es fundamental disponer de información actualizada. En el caso de presupuestos escritos a mano, deberá comprobarse la fecha de la guía de cálculo de colisiones utilizada para la elaboración del presupuesto. Si la fecha no es reciente, la información de precio de la pieza no será fiable. Sucede lo mismo en los presupuestos informáticos. Deberá comprobarse la fecha de los datos.

Tarea B26 Identificar las diferencias de los procedimientos utilizados para la elaboración de presupuestos informáticos y manuales.

Existen tres grandes empresas de servicios de información que proporcionan la información para los presupuestos informáticos. Ofrecen información similar sobre —precios de piezas, números de piezas y asignaciones de mano de obra—. No obstante, el acceso, la introducción y la impresión de los datos es distinta. El procedimiento de elaboración de un presupuesto informático varía en función de la empresa de servicios de información.

Para los presupuestos manuales, existen dos empresas importantes que proporcionan las guías de cálculo de colisiones. Estos manuales contienen información similar de precios de piezas, números de piezas y asignaciones de mano de obra. No obstante, la información aparece organizada de forma distinta.

Tarea B27 Identificar los procedimientos de restauración de la protección contra la corrosión y establecer los valores de mano de obra.

Al utilizar las recomendaciones del manual de reparación del OEM, el tasador tiene que determinar si resulta necesaria la protección contra la corrosión e incluir asignaciones para la protección contra la corrosión de la zona afectada con el fin de devolver al vehículo al estado original anterior al accidente.

La protección contra la corrosión deberá aplicarse cuando se cambian piezas como los guardabarros o las puertas. Si se suelda el panel de repuesto (por ejemplo, un panel trasero), la protección contra la corrosión adquiere una gran importancia. Las soldaduras son puntos en los que suele producirse corrosión. La preparación para el soldado consistiría en la limpieza de la soldadura, la aplicación de una base epóxica y un sellador de grietas. A continuación, pulverice una protección contra la corrosión con una base de cera. Suele suceder lo mismo con los paneles estructurales cortados. La mano de obra de paneles de repuesto no soldados deberá incluir tiempo para la instalación del equipo de pulverización, la mezcla de los materiales, la aplicación de los materiales y la limpieza del equipo. La protección contra la corrosión no es necesaria cuando el panel es de plástico.

Tarea B28 Determinar la aplicación adecuada de la mejora/depreciación de piezas y asignaciones según sea necesario.

Para cumplir con los requisitos del seguro, el tasador deberá deducir la mejora/depreciación. Normalmente, se suelen medir las bandas de rodadura restantes de los neumáticos y se lleva a cabo su depreciación en función del desgaste del neumático. Las piezas de suspensión que se pueden desgastar suelen depreciarse en función del kilometraje hasta un 50%. Las determinaciones del seguro pueden aplicar la mejora/depreciación a casi todos los componentes de un vehículo.

La compañía aseguradora está obligada a devolver al vehículo del cliente el estado original anterior al accidente, ni más ni menos. La mejora se deduce si el vehículo tiene piezas gastadas o defectos ya existentes en la carrocería, como pintura desgastada. Si se cambiasen los paneles, el estado del vehículo sería mejor que antes del accidente. La compañía aseguradora no desea hacer que el vehículo del propietario quede en mejor estado que antes del accidente.

C. Prácticas legales y medioambientales (3 preguntas)

Tarea C1 Identificar las obligaciones reguladoras.

Los talleres de reparación de colisiones están sujetos a la normativa federal, estatal y local. Entre los organismos reguladores, figuran la Agencia de Protección del Medio Ambiente (EPA) y la OSHA (Administración de Seguridad y Salud Laboral). EPA establece normativas acerca de las fuentes de contaminación aéreas, terrestres y acuáticas. Para los talleres de reparación de colisiones, incluye la descarga de compuestos orgánicos volátiles (VOC) y la eliminación de materiales peligrosos. OSHA regula la seguridad laboral de los trabajadores. Los talleres deben informar a los trabajadores acerca de la peligrosidad de los productos químicos con los que trabajan. Entre los productos químicos, figuran los disolventes, las pinturas y los rellenos.

Tarea C2 Reconocer las obligaciones contractuales y de garantía.

El presupuesto contiene las piezas que se van a reparar o sustituir. El taller de reparación de colisiones deberá realizar todas las operaciones tal y como se describen en el presupuesto, a no ser que el cliente apruebe adiciones, eliminaciones o substituciones una vez iniciado el trabajo. No se considera ético llevar a cabo menos reparaciones sin el permiso expreso del cliente. Un ejemplo sería el de un taller que repara un panel trasero en lugar de reemplazarlo y cobra la pieza de recambio al cliente.

Los talleres de reparación de colisiones pueden ofrecer una garantía sobre la reparación. La duración de la garantía la establece el taller. El cliente deberá recibir la garantía por escrito.

Tarea C3   **Reconocer las obligaciones legales de restaurar el estado original del vehículo anterior a la pérdida siguiendo los estándares establecidos por el sector y las recomendaciones del fabricante del vehículo.**

Cuando se contrata a un taller de reparación de colisiones para restaurar el estado original anterior a la pérdida de un vehículo dañado, el taller deberá asegurarse de que las reparaciones se lleven a cabo y, de hecho, restauren el estado original del vehículo anterior al accidente. Por ejemplo, si el bastidor del vehículo está dañado y el taller repara los daños, el bastidor deberá recuperar sus dimensiones originales. Si el vehículo reparado tuviera otra colisión, el bastidor deberá reaccionar como si nunca antes se hubiese dañado. El estado anterior a la pérdida también incluye la alineación de los paneles, el funcionamiento de los componentes de seguridad, el funcionamiento de las piezas, la durabilidad de la pintura y la correspondencia del color. No obstante, el taller no está obligado a reparar una pieza que ya estuviera dañada antes de la pérdida y que no se haya incluido en el presupuesto. Por ejemplo, si la manija de la ventana de la puerta izquierda no funcionaba antes de que se produjesen los daños del vehículo en la parte derecha y la reparación de la manija no se ha incluido en el presupuesto, el taller no se hace responsable de que la ventanilla no funcione. Si se detectan daños adicionales no incluidos en el presupuesto durante la reparación del vehículo, deberá consultarse al propietario o a la compañía aseguradora para que se inspeccionen los daños y se autorice la reparación de los daños adicionales.

D. Construcción del vehículo (8 preguntas)

Tarea D1   **Identificar el tipo de construcción del vehículo (estructura espacial, monoestructural, bastidor total).**

La construcción del vehículo puede ser de tipo monoestructural, bastidor total o estructura espacial. El bastidor del vehículo monoestructural no es desmontable. Está formado por paneles soldados. La mayoría de los vehículos subcompactos, compactos e intermedios son monoestructurales. Para construir un vehículo de bastidor total, se atornilla una carrocería a un bastidor separado. La mayoría de las camionetas, vehículos deportivos (SUV) y algunos turismos de gran tamaño tienen un bastidor total. La estructura espacial se asemeja al vehículo monoestructural en que está formado por paneles soldados. No obstante, en la estructura espacial, los paneles exteriores de la carrocería no poseen la misma robustez del monoestructural. Las furgonetas tipo Lumina y los modelos Saturn poseen estructura espacial.

Tarea D2   **Reconocer las distintas características de daños de vehículos de tipo monoestructural y bastidor total.**

El tipo monoestructural se ha diseñado para absorber el impacto durante un accidente. La energía de la colisión la absorben los repliegues de los miembros estructurales. La energía de la colisión se disipa de forma gradual a medida que se transfiere a las piezas estructurales. En un vehículo de tipo bastidor total, la energía de la colisión se absorbe de distinta forma, puesto que la energía se transfiere. No obstante, el tipo bastidor total es más resistente que el monoestructural. Los vehículos de tipo bastidor total pueden sufrir los siguientes tipos de daños: deformación, distorsión, pandeo, daño dentro de especificación de fábrica y vaivén lateral. Los vehículos de tipo monoestructural pueden sufrir los siguientes tipos de daños: distorsión, pandeo, daño dentro de especificación de fábrica y vaivén lateral.

Tarea D3   Identificar los componentes que absorben la energía del impacto y los procedimientos de reparación/sustitución.

Algunos vehículos están equipados con amortiguadores que absorben la energía. Estos amortiguadores absorben la fuerza de un impacto leve (3,2-8 km/h o 2-5 mph). Tras el impacto, el amortiguador recupera su forma normal. Los impactos superiores a los 8 km/h (5 mph) pueden dañar el amortiguador. Los daños que se reparan suelen ser dobladuras de poca importancia de la placa de montaje. Los daños que no se pueden reparar son los tubos doblados, los tubos con fugas de líquido o los tubos rotos. Si el amortiguador no recupera su tamaño original, deberá reemplazarse.

Otros vehículos están equipados con un grueso panel de protección de espuma de poliestireno situado entre la cubierta y el refuerzo del parachoques. Deberá retirarse la cubierta del parachoques si se sospecha que se han producido daños. La única forma de comprobar si se ha dañado el absorbente de energía de impactos de poliestireno es retirar la cubierta del parachoques. Si el absorbente de impactos de poliestireno está roto o abollado, deberá reemplazarse. Hay una empresa que dispone de un procedimiento para pegar el absorbente roto con un adhesivo fundido caliente, siempre que no falte ningún trozo y no se haya aplastado.

Tarea D4   Identificar los componentes de acero y los procedimientos de reparación/sustitución.

Pueden utilizarse tres tipos de acero en la fabricación de vehículos. La mayoría de los paneles de metal laminado de los vehículos son de acero blando. El acero blando puede soldarse, calentarse y enderezarse. El acero de alta resistencia se utiliza para algunos o para todos los miembros estructurales. Para reparar el acero de alta resistencia, deberán utilizarse técnicas especiales. Las dobladuras del acero de alta resistencia pueden repararse con cuidado. Si el acero se ha retorcido, deberá reemplazarse o cortarse el panel. Una de las técnicas de reparación del acero de alta resistencia consiste en no calentar el acero a una temperatura superior a la recomendada por el fabricante. También se pueden fabricar en acero de alta resistencia algunas piezas estructurales y algunos paneles externos, como capós, puertas del maletero y guardabarros.

El acero de resistencia superior se utiliza para las barras amortiguadoras de las puertas. Este tipo de acero no se puede reparar si resulta dañado. El componente deberá reemplazarse.

Tarea D5   Identificar los componentes de aluminio y los procedimientos de reparación/sustitución.

Algunos refuerzos de guardabarros están hechos de aluminio. Se pueden enderezar las dobladuras leves de determinadas zonas. Algunos fabricantes no permiten la reparación de estos refuerzos. Algunos paneles de la carrocería, como los capós o las puertas del maletero, están hechos de aluminio en determinados modelos. Las abolladuras de estos paneles pueden repararse con un acabado metálico y rellenos de carrocería. Algunas empresas requieren que se utilice una base epóxica debajo del relleno de la carrocería. Los desgarros de estos paneles pueden soldarse con un soldador MIG o TIG. Algunas empresas no permiten el soldado de determinados paneles. Exigen que se reemplace el panel cuando se ha roto. Algunos vehículos monoestructurales tienen toda la estructura de aluminio.

Tarea D6   Identificar los componentes de plástico/plástico compuesto y los procedimientos de reparación/sustitución.

Los paneles de plástico pueden ser rígidos o flexibles. Entre los paneles rígidos, figuran los parachoques, los guardabarros, las puertas, los paneles laterales de furgonetas, los capós, los techos y los portones traseros. El plástico rígido puede ser de tipo SMC, RRIM, PC o ABS. Los daños leves de los paneles rígidos pueden repararse con adhesivos. Los paneles exteriores pueden reemplazarse en las puertas de plástico rígido. Los laterales de plástico de furgonetas pueden empalmarse. Entre los paneles de plástico flexible, figuran las cubiertas de los parachoques y los efectos de suelo. Sólo se pueden soldar ciertos tipos de plástico. Todos los tipos de plástico se pueden reparar simplemente con adhesivos, excepto los plásticos con olefina, a los que deberá aplicarse un incrementador de adherencia especial. Los plásticos flexibles que se hayan estirado o deformado pueden repararse con calor.

Tarea D7 Identificar los componentes de cristal del vehículo y los procedimientos de reparación/sustitución.

El R&R de un parabrisas indica que se va a instalar un parabrisas de recambio. El R&I de un parabrisas indica que se va a volver a instalar el mismo parabrisas. En cada caso, deberá desmontarse de forma distinta. Deberá prestarse más atención y tener más cuidado a la hora de desmontar un parabrisas que no esté roto para volver a utilizarlo que uno que esté roto y se vaya a tirar. La operación de R&I requiere más mano de obra.

El cristal fijo de uretano requiere un tiempo mínimo para que se pueda conducir el vehículo y un tiempo determinado para su total fijación. Mientras no transcurra el tiempo mínimo, el uretano no se habrá fijado los suficiente para soportar una colisión. Durante el tiempo de fijado, el cristal recién instalado podría desplazarse si se produce un golpe repentino, como la presión interior de un portazo. Suele resultar más económico que un especialista en cristales para vehículos se ocupe de los cristales, puesto que acuden al taller de colisiones a realizar las instalaciones.

El cristal del panel trasero o encapsulado tiene un molde que se fija con el cristal. Es difícil desmontarlo sin dañarlo. Incluya en el presupuesto la posibilidad de rotura. El cristal móvil puede pegarse o atornillarse al regulador de la ventanilla.

Tarea D8 Identificar los accesorios y modificaciones y los procedimientos de reparación/sustitución.

Entre los accesorios, figuran los efectos de suelo, las luces antiniebla, paneles de circulación, las aletas del guardabarros, los revestimientos del bastidor y los gráficos. Estos accesorios no se encuentran incluidos en las guías de cálculo de colisiones. Cuando se dañan estas piezas, el tasador deberá consultar a los proveedores del mercado independiente acerca de la disponibilidad de las piezas de recambio.

E. Conocimiento de los sistemas del vehículo (11 preguntas)
1. Sistemas de combustible, admisión, encendido y escape (3 pregunta)

Tarea E1.1 Identificar los componentes principales.

Los tasadores deberán ser capaces de identificar los componentes principales de los sistemas de combustible, admisión, encendido y escape para solicitar los componentes adecuados. Por ejemplo, el bote del vapor puede estar situado cerca del tanque de combustible, en el compartimento del motor o fuera de los rieles del bastidor y muchos módulos de control del grupo motor (PCM) están ubicados en el compartimento del motor o en el de los pasajeros.

Tarea E1.2 Identificar las funciones de los componentes.

Los tasadores deberán conocer la funcionalidad de los componentes principales de los sistemas de combustible, admisión, encendido y escape, de modo que puedan tomar decisiones apropiadas acerca de la necesidad de realizar diagnósticos adicionales tras la reparación de la colisión (por ejemplo, falta de arranque). Algunos vehículos tienen un conmutador de inercia que bloquea el combustible tras un impacto y la mayoría de los vehículos de hoy en día tienen una bomba de combustible eléctrica ubicada en el depósito. Muchos vehículos disponen de un sensor situado detrás del equilibrador armónico que crea una señal para la chispa y el combustible. El sensor de detonación se ha diseñado para retardar la chispa cuando el motor empieza a picarse y, por lo tanto, no debería producir una situación de falta de arranque.

Tarea E1.3 Identificar los requisitos de reparación de los componentes OEM.

El tasador deberá conocer el mantenimiento OEM de los distintos componentes de los sistemas de combustible, admisión, encendido y escape para que el presupuesto sea lo más exacto posible. También deberá estar preparado para los procedimientos especiales que puedan resultar necesarios tras la instalación de determinados componentes. No se deben utilizar aditivos del combustible a no ser que lo recomiende el fabricante. Las fugas de vacío de muchos vehículos nuevos provocan un gran ralentí, mientras que en los vehículos más antiguos pueden provocar un ralentí irregular.

2. Suspensión, dirección y transmisión (3 preguntas)

Tarea E2.1 Identificar los componentes.

Los sistemas de dirección pueden ser de piñón y cremallera o de paralelogramo. Los sistemas de piñón y cremallera se componen de una cremallera y de varillas de acoplamiento. Los sistemas de dirección de paralelogramo se componen de una caja de cremallera de dirección, un brazo de dirección, un tensor central o barra de acoplamiento de la dirección en algunas aplicaciones, varillas de acoplamiento, un brazo intermedio y extremos de las varillas de acoplamiento. La suspensión delantera puede ser un soporte McPherson compuesto por un puntal, un muelle y un brazo de control inferior o un brazo corto/largo compuesto de brazos de control inferior y superior, un muelle y un amortiguador.

La suspensión trasera de los vehículos de tracción delantera se compone de puntales y muelles. La suspensión trasera de los vehículos de tracción trasera puede componerse de muelles de hoja o helicoidales. Tanto la suspensión delantera como la trasera incluyen barras estabilizadoras. La transmisión de un vehículo de tracción delantera está formada por un motor, una unidad de transmisión, un diferencial y semi-ejes. La unidad impulsora de un vehículo de tracción trasera se compone del motor, la transmisión, la caja de transferencia (en los vehículos de tracción en las cuatro ruedas), ejes motrices y ejes traseros (los vehículos de tracción en las cuatro ruedas también incluyen un eje delantero).

Tarea E2.2 Identificar las funciones de los componentes.

El sistema de dirección transfiere el giro del vehículo al giro de las ruedas delanteras. Estos componentes pueden sufrir desgaste y daños. Para que funcionen correctamente, todos los componentes deben estar alineados y cualquier "juego" deberá estar dentro de las tolerancias.

La función del sistema de suspensión es mantener las ruedas en la carretera y absorber los golpes de la carretera. Estos componentes pueden sufrir desgastes y daños. Para que funcionen correctamente, ninguna de las piezas deberá estar dañada y cualquier "juego" deberá estar dentro de las tolerancias. La función de la transmisión es generar potencia y transferirla a las ruedas motrices. Para que funcione correctamente, el tren de transmisión deberá estar alineado con el bastidor. Ningún componente deberá estar dañado.

Tarea E2.3 Identificar los requisitos de reparación de los componentes OEM.

El ángulo de empuje es la dirección de las ruedas traseras en comparación con la línea central del vehículo. Si las ruedas traseras no están alineadas con la línea central del vehículo, deberá modificarse la configuración de alineación de las ruedas delanteras para compensar, de lo contrario, afectará al rendimiento y al desgaste de los neumáticos. El ángulo de empuje tiene que ser correcto para que se puedan establecer adecuadamente los ángulos de las ruedas delanteras. La inclinación hace referencia a la inclinación interior o exterior de la rueda cuando se visualiza desde la parte delantera del vehículo. El ángulo de comba es la inclinación hacia atrás o hacia adelante del eje de la dirección cuando se visualiza desde la parte lateral del vehículo. La convergencia se produce cuando las ruedas apuntan hacia adentro o hacia afuera con referencia a la línea central.

En todos los casos, los componentes de la dirección y de la suspensión doblados o dañados deberán reemplazarse y no enderezarse. En algunos casos, como en el de la carcasa del eje trasero, se pueden enderezar los componentes de la transmisión siempre que el daño sea leve.

En general, sólo es necesaria la alineación cuando se reemplaza un componente ajustable de la dirección, como la varilla de acoplamiento, y no un brazo intermedio ni un tensor central.

3. Frenos (3 pregunta)

Tarea E3.1 Identificar los componentes.

Los frenos de disco delanteros o traseros se componen de un rotor, un calibrador y pastillas. Los frenos de tambor (sólo traseros) se componen de un tambor, un cilindro de rueda y zapatas. El funcionamiento de los frenos lo controla el cilindro maestro. Los frenos antibloqueo (ABS) pueden constar—de un canal que controla las dos ruedas traseras a la vez, dos canales—que controlan las ruedas traseras por separado—, tres canales que controlan las ruedas traseras a la vez y las ruedas delanteras por separado—o cuatro canales que controlan las cuatro ruedas por separado. El sistema ABS se compone de un excitador, un sensor de velocidad y un modulador.

Tarea E3.2 Identificar las funciones de los componentes.

Cuando el conductor pisa el pedal de freno, el fluido hidráulico del cilindro maestro hace que los frenos (tanto pastillas como zapatas) presionen el rotor o el tambor. Para que funcione el sistema, los conductos de freno deberán poder soportar la presión. Si se produce una pérdida de presión en el sistema, se indica mediante una luz roja de advertencia de freno. El sistema ABS puede realizar autoverificaciones e indicará las averías del sistema por medio de una luz de avería de ABS. Si no está dañado, el sistema de frenos funcionará cuando se encienda la luz de avería de ABS. No obstante, la función de antibloqueo de frenos dejará de funcionar. Si está encendida la luz roja, el problema provendrá del sistema de frenos de base. Si está encendida la lámpara ámbar de ABS, el problema provendrá de la pieza de antibloqueo del sistema de frenos.

Tarea E3.3 Identificar los requisitos de reparación de los componentes OEM.

El técnico deberá comprobar los requisitos del OEM en lo concerniente a la reparación de los componentes de frenos. En la mayoría de los casos, los componentes no dañados cuyo desgaste se encuentra dentro de las tolerancias, como las zapatas, las pastillas, los discos o los tambores de los frenos, pueden volver a utilizarse si se desmontan los frenos para su reparación. Si se desconecta un conducto de freno, como en la sustitución de un calibrador o de un conducto de freno, deberá purgarse el sistema de frenos. Deberá incluirse una asignación en el presupuesto para cubrir el purgado de los frenos.

4. Calefacción, refrigeración del motor y aire acondicionado (3 preguntas)

Tarea E4.1 Identificar los componentes.

El sistema de calefacción se compone de manguitos del calefactor, un núcleo calefactor y controles. El sistema de aire acondicionado se compone de un condensador, un evaporador, un acumulador o secador, un compresor y una válvula de expansión.

Tarea E4.2 Identificar las funciones de los componentes.

El sistema de calefacción utiliza el calor del refrigerante caliente para introducir el aire caliente en el vehículo. Puesto que el sistema soporta mucha presión, tiene que encontrarse intactos todos los conductos. El funcionamiento del aire acondicionado se basa en la absorción de calor del refrigerante cuando pasa de líquido a gas. El sistema de aire acondicionado es un sistema presurizado de circulación continua en el que el refrigerante cambia de líquido a gas en el evaporador (absorbiendo calor) y, a continuación, cambia de gas a líquido en el condensador (produciendo calor). El refrigerante puede ser R-12 o R-134a. Estos dos refrigerantes no son intercambiables. El tipo de refrigerante es específico del vehículo. El compresor crea presión en el sistema. El secador o acumulador elimina la humedad perjudicial del sistema.

Tarea E4.3 Identificar los requisitos de reparación de los componentes OEM.

Los condensadores dañados deberán reemplazarse. Los conectores de la junta tórica deberán cambiarse cada vez que se desconecten los conectores del aire acondicionado. Todos los conectores del aire acondicionado retorcidos o abollados deberán reemplazarse. Si el sistema de aire acondicionado se ha dejado expuesto al exterior durante más de una hora, deberá cambiarse también el secador. Dependiendo del tipo de sistema, deberá utilizarse el refrigerante R-12 o R-134a para la recarga. También deberá añadirse aceite al sistema según sea necesario. Si el sistema se encuentra bajo presión antes de la reparación, deberá recuperarse y guardarse el refrigerante y volver a instalarse una vez finalizada la reparación.

5. Sistemas eléctricos/electrónicos (3 pregunta)

Tarea E5.1 Identificar los componentes.

Los componentes del sistema eléctrico que se suelen dañar más a menudo en los accidentes son las baterías, las luces, las bocinas, las luces traseras, las luces de estacionamiento, los reguladores de los elevalunas eléctricos, los alternadores, los accionadores del cierre centralizado, los módulos del control electrónico y el cableado que los conecta.

Tarea E5.2 Identificar las funciones de los componentes.

La batería almacena la energía eléctrica. El cableado conduce la energía eléctrica a los distintos componentes. Las luces y las lámparas utilizan la energía eléctrica para producir luz. Los motores eléctricos, como los reguladores de los elevalunas eléctricos, utilizan la energía eléctrica para subir y bajar las ventanas. El alternador convierte la energía mecánica en energía eléctrica. El alternador crea voltaje de CA (corriente alterna). Los diodos del alternador convierten el voltaje de CA en voltaje de CD (corriente directa). Los ECM reciben la información de varios sensores y controlan el funcionamiento del motor.

Tarea E5.3 Identificar los requisitos de reparación de los componentes OEM.

Los componentes eléctricos o electrónicos averiados suelen reemplazarse y no repararse en los talleres de reparación de colisiones. Por ejemplo, si se daña un alternador en un choque, el taller lo cambia en lugar de repararlo. Los cables rotos se pueden reparar por medio del plegado o soldado. Resulta útil disponer de un diagrama del cableado a la hora de localizar un problema eléctrico. Siga las recomendaciones del OEM si utiliza la corriente eléctrica para probar los circuitos. Localice todas las posibles causas del problema antes de reemplazar las piezas. Por ejemplo, si no funciona el elevalunas eléctrico de una puerta dañada, es posible que esté dañado el cableado, el regulador o ambos.

6. Sistemas de seguridad SRS (3 preguntas)

Tarea E6.1 Identificar los componentes.

Entre los sistemas de seguridad de vehículos, figuran los cinturones de seguridad manuales, los cinturones de seguridad automáticos y las bolsas de aire. Los cinturones de seguridad manuales se componen de correas para el regazo y los hombros o de retractores y distorsiones. El usuario deberá abrochar el cinturón de seguridad.

Los cinturones de seguridad automáticos colocan una correa para los hombros sobre el ocupante del asiento por medio de un sistema de motor y riel. El ocupante deberá colocar la correa del cinturón para el regazo de forma manual.

El sistema de bolsa de aire se compone de sensores de impactos, módulo—de la bolsa de aire en el lado del conductor—o del pasajero, un muelle del reloj, una lámpara y cableado.

Tarea E6.2 Identificar las funciones de los componentes.

Tanto el funcionamiento de los cinturones de seguridad manuales como el de los automáticos se basa en la contención del ocupante durante un choque. Para que funcione correctamente, el cinturón de seguridad deberá estar abrochado y perfectamente fijado al punto de anclaje.

El sensor de impactos de la bolsa de aire detecta la deceleración rápida que se produce en una colisión frontal. Los sensores de impactos envían una señal al módulo de la bolsa de aire. La bolsa de aire o bolsas de aire se inflan inmediatamente para absorber el impacto del ocupante. A continuación, se desinflan. Si el vehículo está equipado con bolsas de aire para el conductor y el pasajero, se inflan ambos al activarse, tanto si está ocupado o no el asiento del pasajero. Los sensores de impactos se han diseñado para indicar a la bolsa de aire que se infle si el vehículo se estrella a una velocidad superior a los 16 a 48 km/h (10 a 30 mph), dependiendo del fabricante. El sistema de la bolsa de aire realiza varias autoverificaciones cada vez que se gira la llave de contacto.

Una vez finalizadas las autoverificaciones y comprobado el funcionamiento correcto del sistema, se apaga la luz. Si se mantiene encendida la luz de la bolsa de aire, se indica que existe un problema del sistema.

Tarea E6.3 Identificar los requisitos de reparación de los componentes OEM.

Deberán comprobarse los cinturones de seguridad tras una colisión. Algunos fabricantes recomiendan reemplazar todos los cinturones de seguridad que se estuvieran utilizando durante la colisión. Deberá comprobarse que la correa del cinturón no esté cortada o arqueada y que no haya hebras rotas. Los fabricantes tienen recomendaciones específicas acerca de las piezas del sistema de la bolsa de aire que se deben comprobar o reemplazar tras su despliegue. El módulo de la bolsa de aire deberá reemplazarse siempre. No se puede volver a utilizar. Los sensores de impactos no dañados pueden volverse a utilizar, si así lo permite el fabricante. El algunos casos, puede resultar necesario reemplazar el muelle del reloj y el panel de instrumentos.

7. Fijadores y materiales (2 pregunta)

Tarea E7.1 Identificar el tipo de fijador.

En los vehículos de hoy en día, se utilizan muchos tipos distintos de fijadores. Existen fijadores especializados para casi todas las conexiones y siempre se deberá utilizar el mismo fijador que instaló el fabricante. Además de las tuercas y tornillos estándar, existen tuercas métricas, tuercas de brida, tuercas almenadas, palometas, contratuercas, arandelas planas, arandelas de seguridad, arandelas de compresión, arandelas para acabado, distintos tipos de tornillos, grapas de plástico, pasadores e incluso adhesivos.

Algunos fijadores, como los tornillos de la suspensión, se aplican mediante par secuencial y medida. Una vez instalados y apretados estos tornillos, no se pueden volver a utilizar. Siempre se deberán reemplazar los fijadores que el fabricante describe como de par secuencial y medida. Utilice siempre el mismo grado de tornillo y tuerca que el original. En los tornillos estándar, su resistencia se indica por medio del número de líneas (o puntos) de la cabeza, mientras que en los métricos, cuanto más alto sea el número, mayor será su resistencia.

Tarea E7.2 Identificar los materiales y suministros de reparación de la carrocería y de acabado.

Entre los materiales de reparación de la carrocería, figuran el relleno de la carrocería, el material de reparación de plásticos y el cable de soldado MIG.

Entre los suministros de reparación de la carrocería, figuran los discos de la esmeriladora y el papel de lija. Entre los materiales de acabado, figuran la base, el emparejador, el material sellante, la capa de base, la capa transparente, el endurecedor y el reductor. Entre los suministros de acabado, figuran el papel de lija y el compuesto de pulir. Los materiales permanecen en el vehículo una vez finalizada la reparación, los suministros no.

F. Identificación de piezas y determinación de su origen (16 preguntas)

Tarea F1 Identificar los componentes OEM.

Algunos componentes del vehículo, como las bolsas de aire, los cinturones de seguridad y otros elementos de seguridad, sólo se encuentran disponibles como OEM. Otros componentes, como el metal laminado y las piezas del tren de transmisión, pueden obtenerse tanto del OEM como de otras fuentes.

Tarea F2 Identificar las funciones de los componentes OEM.

El tasador deberá ser capaz de reconocer las funciones de varios componentes del automóvil. Por ejemplo, las piezas estructurales soportan el peso del vehículo y absorben el impacto para proteger a los pasajeros. Los componentes de seguridad también protegen a los pasajeros.

Tarea F3 Justificar la decisión de reparar o reemplazar los componentes OEM.

Los paneles dañados pueden repararse cuando el coste de la reparación es inferior al coste de la sustitución. Algunos paneles no se pueden reparar. La sustitución de un panel se justifica si el coste de la sustitución es inferior al de la reparación. Algunos componentes, como la dirección y la suspensión, deberán reemplazarse si están dañados. El tasador deberá determinar el método más económico para devolver al vehículo el aspecto que tenía antes del accidente. La decisión de reparar y reemplazar los componentes OEM no deberá comprometer la seguridad, la durabilidad, el ajuste o el acabado del vehículo.

Tarea F4   Determinar la disponibilidad de los componentes OEM.

Algunas piezas OEM ya no se encuentran disponibles. Estas piezas han dejado de fabricarse. Algunas piezas OEM no son fáciles de obtener; se denominan pedidos pendientes. Existen varias razones por las que se pueden realizar este tipo de pedidos. El periodo de recepción puede ser tanto una cuestión de días como de meses. Otras piezas se encuentran en un almacén regional y se reciben en uno o dos días a partir de su fecha de pedido al distribuidor. El distribuidor siempre tiene las piezas de uso más frecuente en existencias y se pueden obtener de forma inmediata. El tasador siempre puede llamar al distribuidor OEM para averiguar la disponibilidad de las piezas.

Tarea F5   Identificar los componentes nuevos del mercado independiente.

Muchas piezas se encuentran disponibles en el mercado independiente. Entre ellas figuran el metal laminado, los cristales, los parachoques y los componentes del tren de transmisión, la dirección y la suspensión. El tasador deberá ser capaz de reconocer los distintos componentes del mercado independiente. Por ejemplo, el embalaje no será OEM.

Tarea F6   Identificar las funciones de los componentes nuevos del mercado independiente.

El tasador deberá ser capaz de identificar las funciones de los distintos componentes del mercado independiente. Por ejemplo, la función parcial de un guardabarros del mercado independiente puede ser sostener las luces de contorno laterales. El tasador deberá saber que un guardabarros del mercado independiente podría no venir con todos los agujeros necesarios ya taladrados. Para devolver al vehículo dañado su estado original anterior al accidente, las piezas del mercado independiente deberán funcionar como si se fuesen piezas OEM.

Tarea F7   Justificar la decisión de reparar o reemplazar los componentes nuevos del mercado independiente.

Las decisiones de reparar y de reemplazar se basan en la comparación del coste de la reparación del panel dañado con el coste de su sustitución. Las piezas del mercado independiente son más económicas que las piezas OEM. El tasador deberá decidir si las piezas del mercado independiente devolverán al vehículo al estado original anterior al accidente. De lo contrario, no deberán utilizarse.

Tarea F8   Determinar la disponibilidad de los componentes nuevos del mercado independiente.

Las piezas que se reemplazan más a menudo suelen estar disponibles en el mercado independiente, mientras que las piezas menos usadas, como los rieles del bastidor, los paneles inferiores de las puertas y los pilares centrales, no suelen estarlo. Las piezas que se encuentran disponibles en el mercado independiente suelen ser piezas atornilladas. Es posible que no se encuentren disponibles las piezas soldadas. Algunos sistemas de elaboración de presupuestos informáticos incluyen bases de datos de piezas del mercado independiente. Cuando se va a reemplazar una pieza, si se encuentra disponible en el mercado independiente, se incluye en el presupuesto. Deberá consultarse al mayorista para confirmar la disponibilidad de la pieza. En algunos casos, las piezas del mercado independiente aparecen incluidas en los catálogos, pero no se encuentran disponibles.

Tarea F9   Identificar los componentes recuperados (usados).

Los componentes recuperados o usados o de imitación suelen estar disponibles como conjuntos. Por ejemplo, un conjunto de guardabarros usado puede incluir el revestimiento del guardabarros, las molduras y las luces de contorno.

Un conjunto usado en buen estado cuesta aproximadamente la mitad del precio de la pieza nueva OEM. A continuación, figuran otros términos utilizados en relación con las piezas recuperadas:

- sección delantera—toda la sección delantera de un vehículo, desde el suelo situado bajo el asiento del conductor hasta el extremo delantero.
- sección posterior—toda la sección trasera del vehículo, desde el suelo situado bajo el asiento trasero hasta el extremo posterior.
- sección posterior superior—la sección posterior más el techo
- codo—el soporte, la articulación y el brazo de control
- Los vehículos de recuperación pueden desguazarse para proporcionar al cliente las piezas necesarias.

Tarea F10   Identificar las funciones de los componentes recuperados (usados).

Un conjunto usado, como la sección posterior, puede constituir un ahorro considerable en las piezas. Algunos talleres utilizan solamente las piezas necesarias de la sección y el coste sigue siendo inferior al de las piezas OEM. Por ejemplo, si se obtiene una sección posterior para reparar la parte trasera de un vehículo accidentado, se pueden extraer las piezas necesarias de la sección. En este ejemplo, se utilizaría el parachoques trasero, el panel de la parte trasera de la carrocería, las luces traseras, la puerta del maletero y una sección del riel del bastidor. Sucede lo mismo en la sección delantera. El tasador deberá tener en cuenta que las piezas usadas pueden haberse reparado anteriormente o incluso ser piezas de recambio del mercado independiente.

Tarea F11   Justificar la decisión de reparar o reemplazar los componentes recuperados (usados).

Para los vehículos más antiguos, pueden especificarse piezas usadas, es decir, para los vehículos que se considerarían como pérdida total si se especificasen piezas nuevas OEM. En algunos casos, como cuando se producen daños en la parte trasera, se necesitan realizar menos soldaduras (pilar del parabrisas, planchas de base y suelo) y se requiere menos mano de obra al reemplazar la sección posterior superior que al reemplazar cada una de las piezas con piezas nuevas OEM. La decisión de utilizar piezas usadas de recambio deberá depender del valor y del estado del vehículo dañado. En algunos casos, se especifican piezas usadas para vehículos más nuevos, probablemente porque el propietario prefiere piezas usadas OEM en lugar de piezas nuevas del mercado independiente.

Tarea F12   Determinar la disponibilidad de los componentes recuperados (usados).

Las piezas usadas pueden obtenerse en las empresas de desguace. Muchas de estas empresas tienen inventarios informatizados. Si una empresa de desguace no tiene una pieza, suele poder obtenerla de otra empresa de desguace. El tasador puede llamar a la empresa de desguace para comprobar si se encuentra disponible la pieza. Es posible que se encuentre con algunas dificultades si se requieren piezas usadas de las que se dañan más a menudo, como las piezas del extremo delantero, para un vehículo último modelo.

Tarea F13   Identificar los componentes reconstruidos o vueltos a acondicionar.

Entre las piezas reconstruidas o vueltas a acondicionar, suelen figurar las tapas del parachoques, los parachoques, las ruedas y piezas eléctricas tales como los alternadores. Las piezas reconstruidas son piezas OEM reparadas.

Tarea F14   **Identificar las funciones de los componentes reconstruidos o vueltos a acondicionar.**

El tasador deberá ser capaz de determinar las funciones de las piezas reconstruidas. La pieza reconstruida deberá funcionar como si se tratase de una pieza OEM. El uso de piezas reconstruidas no debería afectar a la calidad de la reparación.

Tarea F15   **Justificar la decisión de reparar o reemplazar los componentes reconstruidos o vueltas a acondicionar.**

El uso de piezas reconstruidas permite ahorrar dinero en comparación con las piezas OEM. La ventaja de las piezas reconstruidas radica en que las piezas dañadas se reparan como si fuesen OEM. El ajuste debería ser el mismo que el de las piezas OEM. Las piezas reconstruidas, como los alternadores, tienen una garantía. Suelen especificarse para vehículos antiguos. Por ejemplo, si el parachoques de cromo de una camioneta antigua se ha dañado, es posible que se instale un parachoques reconstruido o cromado. El parachoques cromado resultará más económico en comparación con uno nuevo OEM. El coste de la sustitución de paneles siempre es inferior al de la reparación. El uso de piezas acondicionadas de nuevo puede evitar que se declare a un vehículo como pérdida total.

Tarea F16   **Determinar la disponibilidad de los componentes reconstruidos o vueltos a acondicionar.**

No todas las piezas se encuentran disponibles reconstruidas. Para conocer su disponibilidad, puede consultarse un catálogo. También se deberá consultar al proveedor para comprobar la disponibilidad de las piezas.

G. Relaciones con el cliente y técnicas de venta (13 preguntas)

Tarea G1   **Saludar al cliente.**

Si los clientes le confían sus vehículos, demuestran que ya confían en su capacidad de reparación de vehículos. Una recepción calurosa mostrará al cliente que se siente agradecido por su confianza y que comprende perfectamente su situación. Los hará sentirse satisfechos de haber escogido a un profesional como usted.

Tarea G2   **Escuchar al cliente, obtener información e identificar las preocupaciones, necesidades y expectativas del cliente.**

Es fundamental que escuche con atención toda la información que le proporcione el cliente acerca del accidente. Tiene dos ventajas: (1) le permitirá obtener la confianza del cliente y (2) le ayudará a determinar los daños previos e indirectos que puedan haberse producido.

Tarea G3   **Establecer una actitud cooperativa con el cliente.**

Si demuestra al cliente que le está dedicando toda su atención y que va a prestarle su ayuda, éste se sentirá a gusto trabajando con usted. Una vez que el cliente se da cuenta de que está dispuesto a responder a todas sus preguntas y a escuchar sus preocupaciones y ofrecerle explicaciones, considerará a su establecimiento digno de confianza.

Tarea G4   **Identificarse al cliente por teléfono y ofrecer ayuda.**

Si se identifica durante el contacto telefónico inicial con un cliente potencial, iniciará una relación de confianza, aumentará la credibilidad de su negocio y dará la impresión de ser un verdadero profesional. Cuando un cliente le confíe su vehículo, conviene dejar claro al cliente que está dispuesto a comunicarle el estado de la reparación en cualquier momento, a explicar el tipo de reparaciones y de sustituciones que se van a llevar a cabo y a proporcionarle un presupuesto final actualizado. De este modo, podrá establecer una relación de confianza con el cliente. Si el cliente sabe que puede llamarle en cualquier momento para comprobar los progresos o hacerle consultas, se dará cuenta de que ha confiado su vehículo a un establecimiento de calidad y tendrá la seguridad de que todas las reparaciones se llevarán a cabo correctamente.

Tarea G5 Tratar con clientes descontentos.

Siempre que tenga que tratar con un cliente enfadado, intente determinar la causa exacta de su descontento e investigue la queja. Si se trata de un problema de fácil resolución, comuníquele que se ocupará de solucionar el problema de forma inmediata. Si es necesario dedicarle tiempo adicional a la reparación del vehículo, organícelo de forma que no se causen más molestias al cliente.

Tarea G6 Realizar un seguimiento y mantener informado al cliente acerca de las piezas y del progreso de la reparación.

Al mantener contacto constante con el cliente durante la reparación, hará que se sienta informado en todo momento del proceso de reparación. Infórmele acerca de las piezas que se van a reparar y las que se van a reemplazar. Explique cómo se va a llevar a cabo la reparación. Además, al mantener el contacto de este modo, el cliente sabrá que ha dedicado tiempo a la investigación de las dudas que había expuesto acerca de la reparación. También es una buena oportunidad para hacer preguntas acerca de daños indirectos o previos. Cuando el cliente recoge el vehículo, conviene agradecerle que haya trabajado con usted y que haya confiado en usted para que devolviese al vehículo al estado original anterior al accidente. De este modo, se hace saber al cliente que usted se preocupa por él y por su vehículo. Una vez que el cliente ha recogido el vehículo, existen otros métodos para mantener el contacto: enviar una encuesta para evaluar la calidad de sus servicios, realizar una llamada telefónica de seguimiento o pedir al cliente que le llame si le surge alguna duda o problema. A los clientes les gusta que el vehículo esté limpio y preparado cuando vienen a recogerlo.

Tarea G7 Reconocer los procedimientos básicos de resolución de reclamaciones y ofrecer explicaciones al cliente.

Al tratar con el cliente, explique siempre cómo se va a procesar la reclamación. Incluirá aspectos tales como el proceso de ajuste de reclamaciones, deducibles, cargos de mejora y obtención de piezas. De este modo, el cliente podrá comprender mejor el proceso que se sigue a la hora de reparar el vehículo. Es muy importante comunicar esta información a los clientes que nunca han tenido un accidente y que pueden no entender el proceso que se debe seguir.

Tarea G8 Proyectar una actitud positiva y un aspecto profesional.

Si proyecta una actitud y un aspecto positivos, el cliente sabrá que está tratando con un taller y un personal profesional y que la reparación se llevará a cabo de la mejor forma posible.

Tarea G9 Proporcionar información de garantía.

Cuando lleve a cabo la reparación de un vehículo, deberá explicar siempre la garantía que se ofrece sobre la mano de obra, la pintura y las piezas. Al igual que los proveedores de piezas, todos los fabricantes de pinturas ofrecen una garantía que cubre errores relativos a la pintura. Su taller posee estándares de calidad de la mano de obra y deberá entregarlos por escrito al cliente en el momento de la entrega del vehículo. También deberán incluirse las garantías correspondientes a las operaciones de subcontratación. De este modo, el cliente podrá determinar la cobertura de la garantía de cada una de las zonas reparadas del vehículo.

Tarea G10 **Proporcionar información técnica y de protección del consumidor.**

Cuando repare una zona que pueda afectar a una característica de seguridad del vehículo, como el sistema de frenos antibloqueo (ABS), las bolsas de aire, los cinturones, la dirección o la suspensión, siempre deberá informar al cliente acerca de las reparaciones realizadas y de la importancia de los daños causados a esos sistemas.

Tarea G11 **Estimar y explicar la duración de la reparación.**

Cuando el cliente deja el vehículo en el taller, es importante explicar los detalles de la reparación y el tiempo aproximado que se tardará en reparar los daños. Si explica todos los pasos de la reparación, el cliente entenderá mejor el porqué del plazo de tiempo que se ha calculado para la reparación.

Tarea G12 **Aplicar técnicas de negociación y obtener un acuerdo mutuo.**

Al negociar el precio con un perito del seguro, deberá aplicar técnicas de negociación cuando se traten aspectos como la reparación frente a la sustitución de una zona dañada, el uso de piezas OEM frente a piezas del mercado independiente, los cargos de mejora, los daños directos e indirectos, los daños previos y los presupuestos de reparación de daños del bastidor.

Tarea G13 **Interpretar y explicar el presupuesto manual o informático al cliente.**

Tanto si genera el presupuesto de forma manual como con un sistema informático de elaboración de presupuestos, es fundamental explicar el presupuesto al cliente. Cuando revise el presupuesto con el cliente, es indispensable explicar los detalles en un lenguaje accesible con términos claros y fáciles de entender. Entre los aspectos más importantes que se deben cubrir, figuran aquellos relacionados con los plazos, la calidad o el coste para el cliente. Ejemplos de esos aspectos podrían ser los cargos de mejora, los deducibles, las piezas del mercado independiente y las piezas usadas. Tiene una importancia primordial que el cliente conozca estos aspectos a la hora de tratar el presupuesto.

Examen Práctico de Prueba

Examen de Prueba

Tenga en cuenta los números y letras entre paréntesis que hay al final de cada pregunta. Coinciden con la visión general de la sección 4 que explica el tema en cuestión. Puede consultar la visión general con esta clave de referencia cruzada para ayudarse en las preguntas que le planteen algún problema.

1. Todas las operaciones siguientes son operaciones de subcontratación, **EXCEPTO:**
   A. Remolque
   B. Recarga del sistema de aire acondicionado
   C. Sustitución del guardabarros
   D. Sustitución de la bolsa de aire (B16)

2. La sustitución parcial de paneles que no utiliza las uniones de fábrica se denomina:
   A. reposición de secciones.
   B. emparejado.
   C. desconexión.
   D. división. (B21)

3. El Tasador A afirma que el tiempo de opinión incluye el tiempo de acabado. El Tasador B afirma que el tiempo de opinión se incluye en la guía de cálculo de colisiones. ¿Quién tiene razón?
   A. Sólo A
   B. Sólo B
   C. Los dos
   D. Ninguno de los dos (B10)

4. El Tasador A afirma que es importante describir los cargos y la mejora de piezas al cliente a la hora de tratar el presupuesto. El Tasador B afirma que es importante explicar la diferencia existente entre las piezas del mercado independiente y las piezas OEM que se van a utilizar durante la reparación de vehículo. ¿Quién tiene razón?
   A. Sólo A
   B. Sólo B
   C. Los dos
   D. Ninguno de los dos (G13)

5. Todo lo siguiente deberá limpiarse en un vehículo dañado antes de realizar la inspección, **EXCEPTO:**
   A. Cera
   B. Suciedad
   C. Sal de la carretera
   D. Restos de carretera (A2)

6. El Tasador A afirma que los parachoques se encuentran disponibles como piezas vueltas a acondicionar. El Tasador B afirma que se encuentran disponibles los guardabarros acondicionados de nuevo. ¿Quién tiene razón?
   A. Sólo A
   B. Sólo B
   C. Los dos
   D. Ninguno de los dos   (B15)

7. El Tasador A afirma que el cliente casi nunca está interesado en el proceso de reparación del vehículo. El Tasador B afirma que la explicación de los diversos pasos de la reparación es fundamental para que el cliente comprenda el plazo de reparación indicado. ¿Quién tiene razón?
   A. Sólo A
   B. Sólo B
   C. Los dos
   D. Ninguno de los dos   (G11)

8. El Tasador A utiliza un manual de reparación de vehículos como referencia para evaluar los daños de la suspensión. El Tasador B utiliza un manual de reparación de vehículos como referencia para evaluar los daños eléctricos. ¿Quién tiene razón?
   A. Sólo A
   B. Sólo B
   C. Los dos
   D. Ninguno de los dos   (A12)

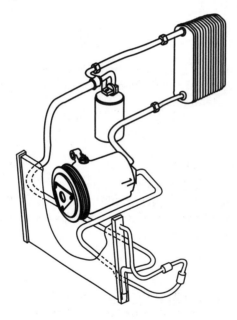

9. El sistema de aire acondicionado, tal y como muestra la ilustración, se ha tenido abierto cinco días debido a la falta de disponibilidad de las piezas. El Tasador A afirma que es posible que también haya que reemplazar el secador.
   El Tasador B afirma que es necesario sustituir el evaporador. ¿Quién tiene razón?
   A. Sólo A
   B. Sólo B
   C. Los dos
   D. Ninguno de los dos   (E4.3)

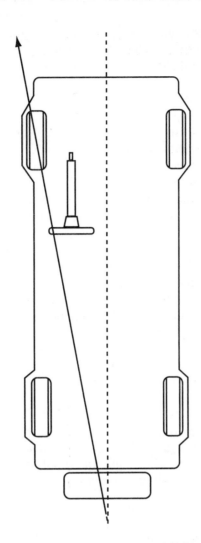

10. El Tasador A afirma que el primer paso en la alineación de las cuatro ruedas es el ángulo de tracción, tal y como muestra la ilustración. El Tasador B afirma que la convergencia es la inclinación interior o exterior de la parte superior de la rueda vista desde la parte delantera del vehículo. ¿Quién tiene razón?
    A. Sólo A
    B. Sólo B
    C. Los dos
    D. Ninguno de los dos   (E2.3)

11. Al inspeccionar los daños del vehículo, el Tasador A utiliza cualquier soporte, aunque esté lleno de otras cosas. El Tasador B utiliza un soporte libre de obstrucciones. ¿Quién tiene razón?
    A. Sólo A
    B. Sólo B
    C. Los dos
    D. Ninguno de los dos   (A1)

12. El Tasador A afirma que siempre se deben explicar al cliente las reparaciones que se realizaron en el vehículo. El Tasador B afirma que debe ser la compañía aseguradora la responsable de informar al cliente acerca de las reparaciones relacionadas con la seguridad. ¿Quién tiene razón?
    A. Sólo A
    B. Sólo B
    C. Los dos
    D. Ninguno de los dos   (G10)

13. El Tasador A afirma que una grapa delantera incluye el soporte del radiador. El Tasador B afirma que una grapa delantera incluye el capó. ¿Quién tiene razón?
   A. Sólo A
   B. Sólo B
   C. Los dos
   D. Ninguno de los dos   (F9)

14. Todas las piezas siguientes forman parte del sistema de la bolsa de aire, **EXCEPTO:**
   A. Módulo del conductor
   B. Sensores de impactos
   C. Módulo del pasajero
   D. Motor y riel   (E6.1)

15. ¿Cuál de los siguientes aspectos no se incluye en un presupuesto manual de una colisión?
   A. Precios de piezas
   B. Números de pieza
   C. Dimensiones del bastidor
   D. Asignaciones de mano de obra   (B26)

16. El Tasador A afirma que las piezas reconstruidas deberán funcionar del mismo modo que las piezas OEM. El Tasador B afirma que las piezas reconstruidas no deberán afectar a la calidad de la reparación. ¿Quién tiene razón?
   A. Sólo A
   B. Sólo B
   C. Los dos
   D. Ninguno de los dos   (F14)

17. El Tasador A afirma que, cuando se daña un vehículo con pintura desgastada, la compañía aseguradora puede deducir la mejora del coste del acabado. El Tasador B afirma que las compañías aseguradoras sólo aplican la mejora a unos cuantos componentes del vehículo. ¿Quién tiene razón?
   A. Sólo A
   B. Sólo B
   C. Los dos
   D. Ninguno de los dos   (B28)

18. El Tasador A afirma que los vehículos modificados requieren mano de obra adicional para su reparación. El Tasador B afirma que deberán incluirse los accesorios en el presupuesto. ¿Quién tiene razón?
   A. Sólo A
   B. Sólo B
   C. Los dos
   D. Ninguno de los dos   (B3)

19. El Tasador A afirma que, si se explica el proceso de reclamación al cliente, éste entenderá mejor el proceso que se debe seguir. El Tasador B afirma que es el agente de seguros el que deberá explicar al cliente el proceso de reclamación. ¿Quién tiene razón?
   A. Sólo A
   B. Sólo B
   C. Los dos
   D. Ninguno de los dos   (G7)

20. Todos los siguientes daños son internos, **EXCEPTO:**
   A. Salpicadero
   B. Maletero
   C. Asiento
   D. Guardabarros   (A14)

21. El Tasador A afirma que el sistema de suspensión puede funcionar correctamente con un puntal doblado. El Tasador B afirma que se debe reemplazar el puntal doblado. ¿Quién tiene razón?
   A. Sólo A
   B. Sólo B
   C. Los dos
   D. Ninguno de los dos   (E2.2)

22. Todos los factores siguientes se tienen en cuenta a la hora de declarar el vehículo como pérdida total, **EXCEPTO:**
   A. Valor de recuperación
   B. Valor de venta al público
   C. Coste de la reparación
   D. Edad del vehículo   (A6)

23. Debido a que el parachoques se compone de varias piezas, se denomina:
   A. componente.
   B. estructura.
   C. conjunto.
   D. formulación.   (A10)

24. El Tasador A afirma que los paneles de circulación se incluyen entre los accesorios. El Tasador B afirma que las luces antiniebla se incluyen entre los accesorios. ¿Quién tiene razón?
   A. Sólo A
   B. Sólo B
   C. Los dos
   D. Ninguno de los dos   (D8)

25. La deducción de mano de obra correspondiente a la sustitución de paneles con una junta en común se denomina:
   A. solapa.
   B. revisión.
   C. gastos indirectos.
   D. por tierra.   (B18)

26. Las siglas EPA significan:
   A. Administración de la Protección del Medio Ambiente.
   B. Agencia de la Protección del Medio Ambiente.
   C. Agencia de la Proyección del Medio Ambiente.
   D. Administración de la Proyección del Medio Ambiente.   (C1)

27. El Tasador A afirma que siempre se deben identificar los paneles que se van a reparar y los que se van a reemplazar e informar al cliente con antelación a la reparación. El Tasador B afirma que, siempre que la calidad de la reparación cumpla con los requisitos de garantía, no es importante especificar los paneles que se reemplazan y los que se reparan. ¿Quién tiene razón?
   A. Sólo A
   B. Sólo B
   C. Los dos
   D. Ninguno de los dos   (G6)

28. El Tasador A afirma que las guías de cálculo de colisiones incluyen los números de las piezas OEM. El Tasador B afirma que las guías de cálculo de colisiones incluyen los precios de las piezas OEM. ¿Quién tiene razón?
   A. Sólo A
   B. Sólo B
   C. Los dos
   D. Ninguno de los dos   (B12)

29. El Tasador A afirma que los fijadores de aplicación de par secuencial y medida son de un solo uso. El Tasador B afirma que los pernos con aplicación de par secuencial y medida pueden volver a utilizarse si el tasador tiene cuidado. ¿Quién tiene razón?
    A. Sólo A
    B. Sólo B
    C. Los dos
    D. Ninguno de los dos   (E7.1)

30. Las páginas "P" también se denominan:
    A. Páginas de proceso.
    B. Páginas de procedimientos.
    C. Páginas de producción.
    D. Páginas de prosecución.   (B8)

31. Todos los siguientes son ejemplos de equipos de medición del bastidor, **EXCEPTO:**
    A. Láser
    B. Medidor
    C. Abrazadera
    D. Fijaciones   (B22)

32. Todos los siguientes aspectos del vehículo sirven para seleccionar los valores de la mano de obra, **EXCEPTO:**
    A. Color del vehículo
    B. Año del vehículo
    C. Tipo de carrocería del vehículo
    D. Opciones del vehículo   (B11)

33. El Tasador A afirma que las luces traseras están incluidas en el sistema eléctrico. El Tasador B afirma que la bocina está incluida en el sistema eléctrico. ¿Quién tiene razón?
    A. Sólo A
    B. Sólo B
    C. Los dos
    D. Ninguno de los dos   (E5.1)

34. El Tasador A afirma que la solapa está incluida en las asignaciones de mano de obra de la sustitución de paneles. El Tasador B afirma que la solapa debe añadirse a los paneles adyacentes. ¿Quién tiene razón?
    A. Sólo A
    B. Sólo B
    C. Los dos
    D. Ninguno de los dos   (B18)

35. El Tasador A afirma que el R&R del parabrisas consiste en retirar el parabrisas y repararlo. El Tasador B afirma que el R&R del parabrisas consiste en retirar el parabrisas y reemplazarlo. ¿Quién tiene razón?
    A. Sólo A
    B. Sólo B
    C. Los dos
    D. Ninguno de los dos   (D7)

36. El Tasador A afirma que los componentes de la bolsa de aire deberán reemplazarse con piezas nuevas OEM. El Tasador B afirma que los guardabarros se encuentran disponibles OEM. ¿Quién tiene razón?
    A. Sólo A
    B. Sólo B
    C. Los dos
    D. Ninguno de los dos   (F1)

37. Todas las piezas siguientes son componentes de un freno de disco, **EXCEPTO:**
    A. Pastilla
    B. Zapata
    C. Calibrador
    D. Rotor (E3.1)

38. Para determinar el coste de los materiales de acabado, el Tasador A multiplica las horas de acabado por una cantidad de dinero fija. El Tasador B multiplica las horas de mano de obra de la carrocería por una cantidad de dinero fija para determinar el coste de los materiales de acabado. ¿Quién tiene razón?
    A. Sólo A
    B. Sólo B
    C. Los dos
    D. Ninguno de los dos (B20)

39. El Tasador A afirma que si un cliente está enfadado, se deberán escuchar sus preocupaciones y, a continuación, decirle lo que desea oír para que esté satisfecho al salir del taller y llamarle más adelante cuando haya tenido tiempo de considerar la situación de forma razonable. El Tasador B afirma que, si el cliente está descontento, siempre se debe intentar llegar a una solución razonable para el problema de forma inmediata. ¿Quién tiene razón?
    A. Sólo A
    B. Sólo B
    C. Los dos
    D. Ninguno de los dos (G5)

40. Toda la siguiente información debería obtenerse del cliente, **EXCEPTO:**
    A. Nombre
    B. Teléfono del trabajo
    C. Dirección del trabajo
    D. Domicilio (B1)

41. El Tasador A afirma que los componentes eléctricos averiados suelen reconstruirse en el taller de carrocería. El Tasador B afirma que los componentes eléctricos averiados suelen reemplazarse en el taller de carrocería. ¿Quién tiene razón?
    A. Sólo A
    B. Sólo B
    C. Los dos
    D. Ninguno de los dos (E5.3)

42. Deberá calcularse la asignación de mano de obra para la protección contra la corrosión en todos los paneles siguientes, **EXCEPTO:**
    A. Guardabarros RRIM de recambio
    B. Forro exterior de acero de la puerta de recambio
    C. Riel del bastidor inferior cortado
    D. Panel trasero cortado (B27)

43. El Tasador A afirma que el módulo PCM puede estar ubicado en varios lugares, tanto dentro como fuera del compartimento de pasajeros. El Tasador B afirma que el bote del vapor puede estar ubicado cerca del tanque de combustible en algunos vehículos nuevos. ¿Quién tiene razón?
    A. Sólo A
    B. Sólo B
    C. Los dos
    D. Ninguno de los dos (E1.1)

44. El Tasador A afirma que siempre se debe agradecer al cliente que haya elegido trabajar con usted cuando el cliente venga a recoger el vehículo. El Tasador B afirma que las llamadas telefónicas de seguimiento constituyen un buen método de contacto para agradecer a los clientes que hayan trabajado con usted. ¿Quién tiene razón?
    A. Sólo A
    B. Sólo B
    C. Los dos
    D. Ninguno de los dos (G6)

45. El Tasador A afirma que llamar al cliente durante la reparación puede confundir al cliente. El Tasador B afirma que el contacto con el cliente es fundamental a la hora de investigar problemas previos del vehículo. ¿Quién tiene razón?
    A. Sólo A
    B. Sólo B
    C. Los dos
    D. Ninguno de los dos   (G6)

46. Las siglas R&R significan:
    A. Retirar y reemplazar
    B. Reparar y reemplazar
    C. Reemplazar y reparar
    D. Retirar y reparar   (B5)

47. El Tasador A afirma que se puede volver a empaquetar una bolsa de aire desplegada. El Tasador B afirma que se deben reemplazar todos los sensores de la bolsa de aire del vehículo tras una colisión. ¿Quién tiene razón?
    A. Sólo A
    B. Sólo B
    C. Los dos
    D. Ninguno de los dos   (A13)

48. La pieza indicada es el:
    A. panel trasero izquierdo.
    B. guardabarros izquierdo.
    C. panel trasero derecho.
    D. guardabarros derecho.   (F5)

49. El sistema de calefacción se compone de todos los elementos siguientes, **EXCEPTO DE:**
    A. Núcleo
    B. Mangueras
    C. Evaporador
    D. Controles   (E4.1)

50. El Tasador A afirma que el acero de resistencia superior se puede reparar. El Tasador B afirma que el acero de alta resistencia retorcido se puede reparar. ¿Quién tiene razón?
    A. Sólo A
    B. Sólo B
    C. Los dos
    D. Ninguno de los dos   (D4)

51. Los cargos de materiales adicionales incluyen el coste de los siguientes materiales, **EXCEPTO:**
    A. Calcomanías
    B. Disolventes
    C. Fijadores
    D. Protección contra la corrosión   (B19)

52. El vehículo puede tener cualquiera de los siguientes tipos de acabado, **EXCEPTO:**
    A. Una etapa
    B. Capa de base/capa final
    C. Tres capas
    D. Sólo la capa de base   (A11)

53. El Tasador A afirma que toda la información acerca del accidente debe obtenerse de las notas del perito del seguro. El Tasador B afirma que la fuente de información más precisa acerca de la reclamación es el informe policial. ¿Quién tiene razón?
    A. Sólo A
    B. Sólo B
    C. Los dos
    D. Ninguno de los dos   (G2)

54. El Tasador A afirma que el punto de impacto es un daño indirecto. El Tasador B afirma que los arañazos, grietas y boquetes son daños indirectos. ¿Quién tiene razón?
    A. Sólo A
    B. Sólo B
    C. Los dos
    D. Ninguno de los dos   (A4)

55. Todos los siguientes son ejemplos de tipos de construcción de vehículos, **EXCEPTO:**
    A. Bastidor total
    B. Monoestructural
    C. Bastidor unitario
    D. Estructura espacial   (D1)

56. Si se muestra una actitud cooperativa con el cliente, se consiguen todos los siguientes objetivos, **EXCEPTO:**
    A. Mostrar al cliente que se trata de un establecimiento profesional
    B. Desarrollar una relación de confianza
    C. Interferir en las políticas de la compañía aseguradora
    D. Aumentar la satisfacción del cliente   (G3)

57. El Tasador A utiliza la guía de cálculo de colisiones para determinar la secuencia de elaboración del presupuesto. El Tasador B afirma que las piezas del motor no se incluyen en la guía de cálculo de colisiones. ¿Quién tiene razón?
    A. Sólo A
    B. Sólo B
    C. Los dos
    D. Ninguno de los dos   (B7)

58. El Tasador A afirma que las empresas de desguace podrían disponer de un inventario informatizado.
    El Tasador B afirma que las empresas de desguace comprueban la disponibilidad de las piezas. ¿Quién tiene razón?
    A. Sólo A
    B. Sólo B
    C. Los dos
    D. Ninguno de los dos   (F12)

59. El Tasador A afirma que las piezas de pedidos pendientes tienen la misma disponibilidad que las piezas que ya no se fabrican. El Tasador B afirma que las piezas que ya no se fabrican no se encuentran disponibles. ¿Quién tiene razón?
    A. Sólo A
    B. Sólo B
    C. Los dos
    D. Ninguno de los dos   (F4)

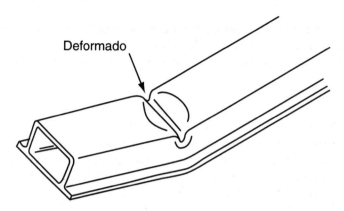

Deformado

60. El Tasador A afirma que el miembro estructural de la imagen debería repararse. El Tasador B afirma que puede ser necesario realizar un procedimiento de reposición de secciones para esta pieza. ¿Quién tiene razón?
   A. Sólo A
   B. Sólo B
   C. Los dos
   D. Ninguno de los dos   (A7, B21)

61. El Tasador A afirma que es necesario revisar los cinturones de seguridad tras una colisión. El Tasador B afirma que se deben reparar los cinturones de seguridad si están dañados. ¿Quién tiene razón?
   A. Sólo A
   B. Sólo B
   C. Los dos
   D. Ninguno de los dos   (E6.3)

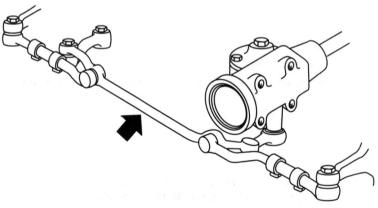

62. En un vehículo con un sistema de dirección de paralelogramo, el componente situado entre las dos barras de acoplamiento interiores que se muestra en la ilustración se denomina:
   A. cremallera y piñón.
   B. brazo intermedio.
   C. mecanismo de dirección manual.
   D. tensor central.   (E2.1)

63. El Tasador A afirma que una recepción calurosa mejora la relación de confianza con el cliente. El Tasador B afirma que una recepción calurosa demostrará al cliente que se preocupa por el vehículo. ¿Quién tiene razón?
   A. Sólo A
   B. Sólo B
   C. Los dos
   D. Ninguno de los dos   (G1)

64. El Tasador A afirma que los tiempos de mano de obra de accesorios se incluyen en las guías de cálculo de colisiones. El Tasador B afirma que los precios de accesorios se incluyen en las guías de cálculo de colisiones. ¿Quién tiene razón?
    A. Sólo A
    B. Sólo B
    C. Los dos
    D. Ninguno de los dos   (A15)

65. El Tasador A afirma que los formularios de presupuestos manuales suelen incluir una columna para indicar si se deben reparar los paneles. El Tasador B afirma que los formularios de presupuestos manuales suelen incluir una columna para indicar si se deben reemplazar los paneles. ¿Quién tiene razón?
    A. Sólo A
    B. Sólo B
    C. Los dos
    D. Ninguno de los dos   (B24)

66. El Tasador A afirma que el taller de reparación de colisiones es responsable del trabajo subcontratado. El Tasador B afirma que siempre se deberá proporcionar al cliente una copia impresa de la información de garantía en el momento de la entrega del vehículo. ¿Quién tiene razón?
    A. Sólo A
    B. Sólo B
    C. Los dos
    D. Ninguno de los dos   (G9)

67. El Tasador A afirma que la corrosión puede incluirse como daño previo. El Tasador B afirma que las abolladuras de las puertas pueden incluirse como daños previos. ¿Quién tiene razón?
    A. Sólo A
    B. Sólo B
    C. Los dos
    D. Ninguno de los dos   (A5)

68. El Tasador A afirma que el taller deberá realizar todas las reparaciones especificadas en el presupuesto. El Tasador B afirma que todos los talleres ofrecen garantías. ¿Quién tiene razón?
    A. Sólo A
    B. Sólo B
    C. Los dos
    D. Ninguno de los dos   (C2)

69. El Tasador A afirma que la tasa de desaceleración determina el despliegue de la bolsa de aire. El Tasador B afirma que, si la luz de la bolsa de aire está constantemente encendida, indica que el sistema funciona correctamente. ¿Quién tiene razón?
    A. Sólo A
    B. Sólo B
    C. Los dos
    D. Ninguno de los dos   (E6.2)

70. Las piezas no OEM también se denominan:
    A. piezas de fabricación posterior.
    B. piezas del mercado independiente.
    C. piezas del mercado libre.
    D. piezas de fabricación libre.   (B13)

71. El Tasador A afirma que es fundamental proyectar un aspecto profesional y cuidado a la hora de hacer que el cliente se sienta a gusto con usted. El Tasador B afirma que es importante proyectar una actitud positiva para ganarse la confianza del cliente. ¿Quién tiene razón?
    A. Sólo A
    B. Sólo B
    C. Los dos
    D. Ninguno de los dos   (G8)

72. Todos los siguientes son ejemplos de equipos de reparación de bastidores, **EXCEPTO:**
    A. Martillo deslizante
    B. Sistema de sujeción al suelo
    C. Banco
    D. Cremallera   (B23)

73. La función del condensador es la transformación del refrigerante:
    A. de sólido a líquido.
    B. de líquido a sólido.
    A. de gas a líquido.
    D. de líquido a gas.   (E4.2)

74. El Tasador A afirma que la disponibilidad de las piezas reconstruidas puede consultarse en un catálogo. El Tasador B afirma que la disponibilidad de piezas reconstruidas puede comprobarse por medio de una llamada al proveedor. ¿Quién tiene razón?
    A. Sólo A
    B. Sólo B
    C. Los dos
    D. Ninguno de los dos   (F16)

75. El Tasador A afirma que las decisiones de reemplazar los paneles dependen de la gravedad de los daños. El Tasador B afirma que las decisiones de reemplazar los paneles dependen del coste de la reparación. ¿Quién tiene razón?
    A. Sólo A
    B. Sólo B
    C. Los dos
    D. Ninguno de los dos   (F3)

76. El Tasador A afirma que las piezas usadas pueden utilizarse para vehículos antiguos. El Tasador B afirma que el uso de piezas de recuperación deberá depender de la edad del vehículo dañado. ¿Quién tiene razón?
    A. Sólo A
    B. Sólo B
    C. Los dos
    D. Ninguno de los dos   (F11)

77. El Tasador A afirma que siempre se debería revisar cada reparación con el perito para garantizar el acuerdo sobre los procedimientos de reparación. El Tasador B afirma que el presupuesto proporcionado por la compañía aseguradora constituye siempre el método más eficaz y adecuado para la reparación del vehículo y que la revisión de los daños por parte del perito es innecesaria. ¿Quién tiene razón?
    A. Sólo A
    B. Sólo B
    C. Los dos
    D. Ninguno de los dos   (G12)

78. El Tasador A afirma que el plástico utilizado en un vehículo puede ser rígido. El Tasador B afirma que el plástico utilizado en un vehículo puede ser flexible. ¿Quién tiene razón?
    A. Sólo A
    B. Sólo B
    C. Los dos
    D. Ninguno de los dos   (D6)

79. El Tasador A afirma que se deben devolver a los vehículos reparados el estado original anterior a la pérdida. El Tasador B afirma que el estado original anterior a la pérdida incluye la restauración de las dimensiones del bastidor. ¿Quién tiene razón?
   A. Sólo A
   B. Sólo B
   C. Los dos
   D. Ninguno de los dos   (C3)

80. El Tasador A afirma que las piezas del mercado independiente cuestan menos que las piezas OEM. El Tasador B afirma que el tasador debe considerar si las piezas del mercado independiente devolverán al vehículo al estado original anterior a la pérdida. ¿Quién tiene razón?
   A. Sólo A
   B. Sólo B
   C. Los dos
   D. Ninguno de los dos   (F7)

81. Un amortiguador debe reemplazarse si se produce cualquiera de los problemas siguientes, **EXCEPTO:**
   A. Tubería con fugas
   B. Tubería doblada
   C. Leve doblez de la placa de montaje
   D. Tubería rota   (D3)

82. El Tasador A afirma que el alternador convierte la energía mecánica en energía eléctrica. El Tasador B afirma que el alternador contiene diodos que convierten la corriente alterna en corriente directa. ¿Quién tiene razón?
   A. Sólo A
   B. Sólo B
   C. Los dos
   D. Ninguno de los dos   (E5.2)

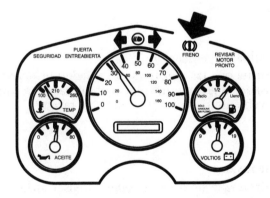

83. Tal y como se muestra en la figura, la luz roja de freno de un vehículo continúa encendida tras la reparación de una colisión en la que se sustituyó la unidad de control hidráulico ABS. El Tasador A afirma que es poco probable que el problema proceda de la unidad de control hidráulico, aunque se comprobará el sistema de todos modos. El Tasador B afirma que una fuga en la tubería de freno puede hacer que se mantenga encendida la luz roja de freno. ¿Quién tiene razón?
   A. Sólo A
   B. Sólo B
   C. Los dos
   D. Ninguno de los dos   (E3.2)

84. El total de horas de mano de obra de este presupuesto con 4 horas de mano de obra de carrocería más 2,5 horas de acabado más 1 hora de aplicación de la capa final sería de:
    A. 6,5 horas.
    B. 7,0 horas.
    C. 7,5 horas.
    D. 8,0 horas. (B24)

85. El Tasador A afirma que las páginas "P" incluyen los tiempos de acabado de paneles. El Tasador B afirma que las notas de cabecera de página incluyen el tiempo de acabado. ¿Quién tiene razón?
    A. Sólo A
    B. Sólo B
    C. Los dos
    D. Ninguno de los dos (B9)

86. El Tasador A afirma que los materiales de reparación de la carrocería incluyen el relleno de carrocería. El Tasador B afirma que la capa transparente figura entre los materiales de acabado. ¿Quién tiene razón?
    A. Sólo A
    B. Sólo B
    C. Los dos
    D. Ninguno de los dos (E7.2)

87. El Tasador A afirma que el lateral izquierdo del vehículo es el lado del conductor. El Tasador B afirma que los laterales derecho e izquierdo del vehículo se determinan desde la posición del asiento del conductor. ¿Quién tiene razón?
    A. Sólo A
    B. Sólo B
    C. Los dos
    D. Ninguno de los dos (B6)

88. Un vehículo monoestructural que se vaya a reparar puede tener cualquiera de los siguientes daños de bastidor, **EXCEPTO:**
    A. Deformación
    B. Distorsión
    C. Pandeo
    D. Daño dentro de especificación de fábrica (D2)

89. El Tasador A afirma que las piezas usadas cuestan lo mismo que las piezas OEM. El Tasador B afirma que las piezas usadas suelen venderse como conjuntos. ¿Quién tiene razón?
    A. Sólo A
    B. Sólo B
    C. Los dos
    D. Ninguno de los dos (B14)

90. El Tasador A afirma que las piezas reconstruidas se ajustan igual de bien que las piezas OEM. El Tasador B afirma que las piezas reconstruidas pueden tener una garantía. ¿Quién tiene razón?
    A. Sólo A
    B. Sólo B
    C. Los dos
    D. Ninguno de los dos (F15)

91. El Tasador A afirma que un guardabarros del mercado independiente podría no venir con todos los agujeros necesarios ya taladrados. El Tasador B afirma que, para poder utilizarlas, las piezas del mercado independiente deberán funcionar de forma idéntica a las piezas OEM. ¿Quién tiene razón?
    A. Sólo A
    B. Sólo B
    C. Los dos
    D. Ninguno de los dos (F6)

92. Todos los siguientes son ejemplos de conjuntos de recuperación, **EXCEPTO:**
    A. Grapa posterior
    B. Cubierta del parachoques
    C. Grapa posterior superior
    D. Grapa delantera   (F9)

93. El Tasador A utiliza un medidor de referencia para medir la línea central. El Tasador B utiliza un medidor de referencia para medir la altura. ¿Quién tiene razón?
    A. Sólo A
    B. Sólo B
    C. Los dos
    D. Ninguno de los dos   (A8)

94. Un vehículo con un motor montado de forma transversal tiene un cable suelto procedente de un sensor situado detrás del equilibrador armónico. El Tasador A afirma que podría tratarse de la causa de la falta de combustible/chispa. El Tasador B afirma que el sensor de detonación no puede causar la situación de falta de arranque. ¿Quién tiene razón?
    A. Sólo A
    B. Sólo B
    C. Los dos
    D. Ninguno de los dos   (E1.2)

95. ¿Cuál de los siguientes factores deberá tenerse en cuenta a la hora de evaluar la calidad de la reparación?
    A. Integridad
    B. Coste
    C. Rapidez
    D. Ubicación   (A3)

96. El Tasador A afirma que el aluminio puede soldarse con un soldador MIG con equipamiento especial. El Tasador B afirma que el aluminio puede soldarse con un soldador TIG. ¿Quién tiene razón?
    A. Sólo A
    B. Sólo B
    C. Los dos
    D. Ninguno de los dos   (D5)

97. El Tasador A afirma que, aunque una pieza del mercado independiente figure en un catálogo, es posible que no se encuentre disponible. El Tasador B afirma que la disponibilidad de las piezas del mercado independiente puede comprobarse por medio de una llamada al distribuidor OEM. ¿Quién tiene razón?
    A. Sólo A
    B. Sólo B
    C. Los dos
    D. Ninguno de los dos   (F8)

98. El Tasador A afirma que si se identifica durante el primer contacto telefónico por parte del cliente, el cliente tendrá la impresión de estar tratando con un verdadero profesional. El Tasador B afirma que, al permitir al cliente ponerse en contacto con usted cuando le surjan preguntas, se fomenta una relación de confianza. ¿Quién tiene razón?
   A. Sólo A
   B. Sólo B
   C. Los dos
   D. Ninguno de los dos   (G4)

99. Una puerta tiene un daño leve para el que se ha estimado un tiempo de reparación de dos horas. El Tasador A afirma que hay que cambiar el forro exterior de la puerta. El Tasador B afirma que hay que cambiar el panel de la puerta. ¿Quién tiene razón?
   A. Sólo A
   B. Sólo B
   C. Los dos
   D. Ninguno de los dos   (A9)

100. Un vehículo con frenos de tambor traseros tiene daños en la zona de la rueda trasera derecha. La placa de apoyo del freno está doblada y debe sustituirse. El Tasador A afirma que se deben reemplazar las zapatas de freno. El Tasador B afirma que deberá añadirse una asignación al presupuesto para cubrir el purgado de los frenos. ¿Quién tiene razón?
   A. Sólo A
   B. Sólo B
   C. Los dos
   D. Ninguno de los dos   (E3.3)

101. Las siglas VIN significan:
   A. número de información del vehículo.
   B. numeral de información del vehículo.
   C. número de identificación del vehículo.
   D. numeral de identificación del vehículo.   (B2)

102. El Tasador A afirma que las piezas estructurales soportan el peso del vehículo. El Tasador B afirma que las piezas estructurales absorben el impacto de las colisiones. ¿Quién tiene razón?
   A. Sólo A
   B. Sólo B
   C. Los dos
   D. Ninguno de los dos   (F2)

103. Al inspeccionar un tornillo para determinar si es métrico o estándar, en un tornillo métrico podrá ver:
   A. ranuras en la cabeza.
   A. ninguna marca en la cabeza.
   C. puntos en la cabeza.
   D. un número en la cabeza.   (E7.1)

104. El Tasador A afirma que un cable de vacío desconectado puede causar un ralentí irregular. El Tasador B afirma que un cable de vacío desconectado puede causar un gran ralentí. ¿Quién tiene razón?
   A. Sólo A
   B. Sólo B
   C. Los dos
   D. Ninguno de los dos   (E1.3)

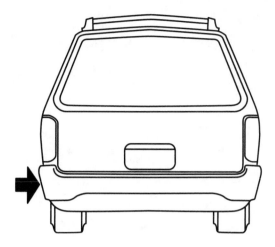

105. La pieza reconstruida de la ilustración anterior es:
    A. un parachoques.
    B. una cubierta del parachoques.
    C. un refuerzo del parachoques.
    D. un amortiguador. (F13)

6 Preguntas Prácticas Adicionales de Examen

Preguntas Adicionales de Examen

Tenga en cuenta los números y letras entre paréntesis que hay al final de cada pregunta. Coinciden con la visión general de la sección 4 que explica el tema en cuestión. Puede consultar la descripción general con esta clave de referencia cruzada para ayudarse en las preguntas que le planteen algún problema.

1. Si se escucha atentamente al cliente, se consiguen todos los siguientes objetivos, **EXCEPTO:**
   A. mostrar al cliente que se trata de un establecimiento profesional.
   B. desarrollar una relación de confianza.
   C. aumentar la satisfacción del cliente.
   D. molestar a otros clientes. (G3)

2. Debe aplicarse el acabado a todas las siguientes piezas de recambio, **EXCEPTO:**
   A. Capós
   B. Refuerzos del parachoques
   C. Guardabarros
   D. Rieles del bastidor inferior (A11)

3. El Tasador A afirma que las operaciones incluidas forman parte de otra operación de mano de obra. El Tasador B afirma que la reparación está incluida en la revisión general. ¿Quién tiene razón?
   A. Sólo A
   B. Sólo B
   C. Los dos
   D. Ninguno de los dos (B5)

4. El Tasador A afirma que las piezas usadas pueden estar dañadas por la corrosión. El Tasador B afirma que las piezas usadas pueden tener reparaciones anteriores. ¿Quién tiene razón?
   A. Sólo A
   B. Sólo B
   C. Los dos
   D. Ninguno de los dos (B14)

5. Para inspeccionar un vehículo dañado, pueden ser necesarios todos los siguientes elementos, **EXCEPTO:**
   A. Elevador
   B. Lámpara portátil
   C. Sistema de elaboración de presupuestos informático
   D. Soporte limpio (A1)

6. El sistema de dirección de paralelogramo puede estar compuesto de todas las siguientes piezas, **EXCEPTO DE:**
   A. barra de acoplamiento.
   B. cremallera y piñón.
   C. tensor central.
   D. barra de acoplamiento de la dirección. (E2.1)

7. No funciona el elevalunas eléctrico de una puerta dañada. El Tasador A afirma que es posible que esté roto el cableado. El Tasador B afirma que es posible que esté dañado el regulador. ¿Quién tiene razón?
   A. Sólo A
   B. Sólo B
   C. Los dos
   D. Ninguno de los dos   (E5.3)

8. Un cliente tiene una pregunta acerca de cómo se va a reparar su vehículo. El Tasador A indica al cliente que lea el presupuesto. El Tasador B se toma el tiempo de explicar el proceso de reparación. ¿Quién tiene razón?
   A. Sólo A
   B. Sólo B
   C. Los dos
   D. Ninguno de los dos   (G6)

9. El Tasador A envía una encuesta al cliente tras la reparación. El Tasador B llama a cada cliente tras la reparación. ¿Quién tiene razón?
   A. Sólo A
   B. Sólo B
   C. Los dos
   D. Ninguno de los dos   (G6)

10. El Tasador A siempre recibe a los clientes de forma amistosa. El Tasador B no se preocupa de saludar a los clientes. ¿Quién tiene razón?
    A. Sólo A
    B. Sólo B
    C. Los dos
    D. Ninguno de los dos   (G1)

11. Todo los siguientes componentes forman parte del sistema eléctrico, **EXCEPTO:**
    A. cierre manual.
    B. cierre centralizado.
    C. baterías.
    D. faros.   (E5.1)

12. El Tasador A afirma que la compañía aseguradora paga la mejora. El Tasador B afirma que la mejora se aplica cuando el estado del vehículo tras la reparación mejora con respecto al momento anterior al accidente. ¿Quién tiene razón?
    A. Sólo A
    B. Sólo B
    C. Los dos
    D. Ninguno de los dos   (A5)

13. El Tasador A afirma que el tiempo de configuración incluye el anclaje del vehículo. El Tasador B afirma que el tiempo de configuración incluye el posicionamiento del vehículo. ¿Quién tiene razón?
    A. Sólo A
    B. Sólo B
    C. Los dos
    D. Ninguno de los dos   (B23)

14. El Tasador A afirma que el hecho de que los clientes le confíen sus vehículos demuestra que ya confían en su capacidad para la reparación de vehículos. El Tasador B afirma que, si demuestra que aprecia la confianza del cliente y que comprende perfectamente su situación, el cliente se sentirá satisfecho de haber escogido a un profesional como usted. ¿Quién tiene razón?
    A. Sólo A
    B. Sólo B
    C. Los dos
    D. Ninguno de los dos   (G1)

15. Se va a utilizar un libro de referencia para determinar el coste de los materiales de acabado. El Tasador A afirma que se utiliza el código de pintura. El Tasador B afirma que se utilizan las horas de acabado. ¿Quién tiene razón?
    A. Sólo A
    B. Sólo B
    C. Los dos
    D. Ninguno de los dos   (B20)

16. El bote del vapor puede estar en cualquiera de las siguientes ubicaciones, **EXCEPTO:**
    A. En la guantera
    B. Cerca del tanque de combustible
    C. En el panel de separación
    D. En el compartimento del motor   (E1.1)

17. El R&I del parabrisas significa que se retira el parabrisas y se:
    A. Repara
    B. Reemplaza
    C. Vuelve a montar
    D. Elimina   (D7)

18. Las siglas R&I significan:
    A. Retirar y mejorar
    B. Reparar y mejorar
    C. Reemplazar e instalar
    D. Retirar e instalar   (B5)

19. La recarga de un sistema de aire acondicionado incluye la adición de:
    A. aceite y agua al sistema.
    B. aceite y refrigerante al sistema.
    C. agua y refrigerante al sistema.
    D. agua y aceite al sistema.   (E4.3)

20. El Tasador A afirma que el tasador determina el tiempo de opinión. El Tasador B afirma que los paneles con daños leves suelen repararse en lugar de reemplazarse. ¿Quién tiene razón?
    A. Sólo A
    B. Sólo B
    C. Los dos
    D. Ninguno de los dos   (B10)

21. El Tasador A afirma que es posible que no se encuentre disponible la cubierta del parachoques reconstruida. El Tasador B afirma que la cubierta del parachoques reconstruida cuesta menos que la cubierta OEM. ¿Quién tiene razón?
    A. Sólo A
    B. Sólo B
    C. Los dos
    D. Ninguno de los dos   (F15)

22. El Tasador A afirma que las piezas intercambiables, como los guardabarros, pueden utilizarse en distintos tipos de vehículos. El Tasador B afirma que la placa del parachoques, el refuerzo del parachoques y el amortiguador se denominan colectivamente el conjunto del parachoques. ¿Quién tiene razón?
    A. Sólo A
    B. Sólo B
    C. Los dos
    D. Ninguno de los dos   (B6)

23. El Tasador A afirma que, aunque los números de piezas del mercado independiente figuren en un catálogo, es posible que no se encuentren disponibles. El Tasador B afirma que, si las piezas del mercado independiente figuran en un catálogo, se encuentran disponibles. ¿Quién tiene razón?
    A. Sólo A
    B. Sólo B
    C. Los dos
    D. Ninguno de los dos   (B13)

24. Todas las siguientes piezas se encuentran disponibles como piezas del mercado independiente, **EXCEPTO:**
    A. Riel del bastidor inferior
    B. Guardabarros
    C. Parachoques
    D. Capó   (B13)

25. El Tasador A afirma que la reposición de secciones debe realizarse únicamente en ubicaciones aprobadas. El Tasador B afirma que la reposición de secciones ahorra tiempo de mano de obra en comparación con la sustitución de toda la pieza.
    ¿Quién tiene razón?
    A. Sólo A
    B. Sólo B
    C. Los dos
    D. Ninguno de los dos   (B21)

26. El Tasador A registra el tipo de carrocería del vehículo al elaborar un presupuesto. El Tasador B registra el código de pintura. ¿Quién tiene razón?
    A. Sólo A
    B. Sólo B
    C. Los dos
    D. Ninguno de los dos   (B2)

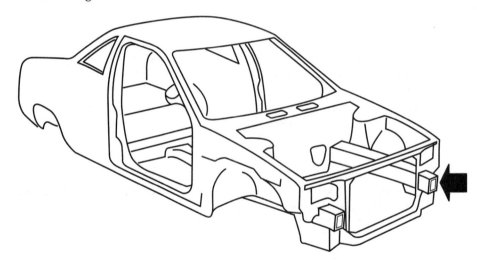

27. ¿Cuáles de los siguientes procedimientos se incluyen en la sustitución del guardabarros?
    A. Retirar el parachoques
    B. Taladrar agujeros
    C. Acabado
    D. Reemplazar la luz de contorno lateral   (B8)

28. La pieza indicada es:
    A. el panel de separación.
    B. el riel del bastidor inferior.
    C. el conjunto del puntal.
    D. la torre de apoyo.   (F1)

29. La transmisión de un vehículo con tracción delantera incluye todos los siguientes elementos, **EXCEPTO:**
    A. Eje de transmisión
    B. Motor
    C. Semi-ejes
    D. Transmisión   (E2.1)

30. En una guía de cálculo de colisiones, los conjuntos para cada modelo están organizados:
    A. de la parte trasera a la parte delantera del coche.
    B. de la parte trasera a la parte lateral del coche.
    C. de la parte delantera a la parte trasera del coche.
    D. de la parte lateral a la parte delantera del coche.   (B7)

31. El Tasador A afirma que en una construcción de estructura espacial, los paneles externos de la carrocería contribuyen a la resistencia del vehículo. El Tasador B afirma que en una construcción de estructura espacial, los paneles de la carrocería pueden estar sujetos con adhesivos. ¿Quién tiene razón?
    A. Sólo A
    B. Sólo B
    C. Los dos
    D. Ninguno de los dos   (D1)

32. El Tasador A utiliza el código de pintura y el libro de colores para determinar si un vehículo blanco tiene una capa transparente. El Tasador B afirma que se debe inspeccionar el vehículo para comprobar si existen señales de haber sido pintado anteriormente. ¿Quién tiene razón?
    A. Sólo A
    B. Sólo B
    C. Los dos
    D. Ninguno de los dos   (A11)

33. El Tasador A afirma que las piezas de colisiones más necesarias pueden estar disponibles en las existencias del distribuidor OEM. El Tasador B afirma que el distribuidor OEM proporcionará información acerca de la disponibilidad de las piezas. ¿Quién tiene razón?
    A. Sólo A
    B. Sólo B
    C. Los dos
    D. Ninguno de los dos   (F4)

34. El Tasador A afirma que la asignación de mano de obra depende del tipo de carrocería del vehículo. El Tasador B afirma que la marca del vehículo determina la asignación de mano de obra. ¿Quién tiene razón?
    A. Sólo A
    B. Sólo B
    C. Los dos
    D. Ninguno de los dos   (B11)

35. Se ha desplegado una bolsa de aire. El Tasador A afirma que se encenderá la luz de la bolsa de aire. El Tasador B afirma que se debe reemplazar la bolsa de aire. ¿Quién tiene razón?
    A. Sólo A
    B. Sólo B
    C. Los dos
    D. Ninguno de los dos   (E6.2)

36. ¿Cuál de los siguientes paneles requiere una asignación de mano de obra para la protección contra la corrosión?
    A. Parachoques de uretano
    B. Puerta de SMC
    C. Guardabarros de acero
    D. Guardabarros RRIM   (B27)

37. El Tasador A afirma que OSHA requiere que se informe a los trabajadores acerca de los productos químicos peligrosos. El Tasador B afirma que la EPA regula la salud laboral de los trabajadores. ¿Quién tiene razón?
    A. Sólo A
    B. Sólo B
    C. Los dos
    D. Ninguno de los dos   (C1)

38. El término utilizado para describir la mejora del estado de un vehículo dañado en comparación con el estado original anterior al accidente se denomina:
    A. actualización.
    B. depreciación.
    C. estabilización.
    D. mejora.   (A5)

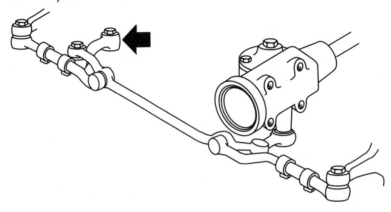

39. El Tasador A afirma que resulta necesario realizar una alineación cuando se reemplaza un brazo intermedio tal y como se muestra en la ilustración. El Tasador B afirma que un buen técnico de dirección no necesitará realizar ninguna alineación a la hora de reparar un único extremo de la barra de acoplamiento. ¿Quién tiene razón?
    A. Sólo A
    B. Sólo B
    C. Los dos
    D. Ninguno de los dos   (E2.3)

40. Siempre se debe informar al cliente acerca de las reparaciones que se realizaron y la gravedad de los daños de:
    A. los paneles de la carrocería.
    B. los sistemas de seguridad.
    C. los sistemas de alumbrado.
    D. la parte inferior del vehículo.   (G10)

41. ¿Cuál de los siguientes elementos se debe reemplazar siempre tras el despliegue de la bolsa de aire?
    A. Sensores de choque
    B. Muelle del reloj
    C. Panel de instrumentos
    D. Módulo de la bolsa de aire   (E6.3)

42. El Tasador A afirma que el tiempo de medición del bastidor incluye el tiempo de diagnóstico de los daños. El Tasador B afirma que el tiempo de medición del bastidor incluye el tiempo de tracción del bastidor. ¿Quién tiene razón?
    A. Sólo A
    B. Sólo B
    C. Los dos
    D. Ninguno de los dos   (B22)

43. Un codo incluye todos los siguientes elementos, **EXCEPTO:**
    A. el puntal.
    B. la articulación.
    C. el brazo de control.
    D. el semi-eje. (F9)

44. El sistema de seguridad que coloca la correa para los hombros del cinturón en el ocupante del asiento se denomina:
    A. cinturón de seguridad manual.
    B. bolsa de aire del lado del conductor.
    C. cinturón de seguridad automático.
    B. bolsa de aire del lado del pasajero. (E6.1)

45. El Tasador A afirma que los suministros de reparación de la carrocería incluyen los discos de la esmeriladora. El Tasador B afirma que el papel de lija figura entre los suministros de acabado. ¿Quién tiene razón?
    A. Sólo A
    B. Sólo B
    C. Los dos
    D. Ninguno de los dos (E7.2)

46. El Tasador A suelda aluminio con un soldador de arco. El Tasador B utiliza un soldador TIG para soldar aluminio. ¿Quién tiene razón?
    A. Sólo A
    B. Sólo B
    C. Los dos
    D. Ninguno de los dos (D5)

47. El Tasador A afirma que el uso de piezas reconstruidas no deberá afectar a la calidad de la reparación. El Tasador B afirma que las piezas que se han vuelto a acondicionar deberán funcionar del mismo modo que las piezas OEM. ¿Quién tiene razón?
    A. Sólo A
    B. Sólo B
    C. Los dos
    D. Ninguno de los dos (F14)

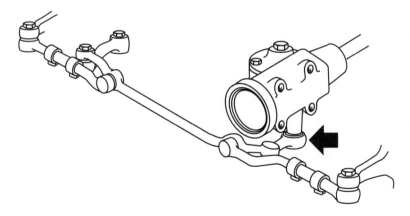

48. El componente mostrado es:
    A. un conector.
    B. un brazo intermedio.
    C. un brazo Pitman.
    D. una biela. (E2.1)

49. El Tasador A afirma que un vehículo en el que se hayan repuesto las secciones correctamente es tan resistente a las colisiones como un vehículo no dañado. El Tasador B afirma que se pueden reponer las secciones de todas las piezas. ¿Quién tiene razón?
    A. Sólo A
    B. Sólo B
    C. Los dos
    D. Ninguno de los dos   (B21)

50. El Tasador A afirma que las notas a pie de página anulan la información de las páginas "P". El Tasador B afirma que las notas de cabecera de página incluyen el tiempo de R&I. ¿Quién tiene razón?
    A. Sólo A
    B. Sólo B
    C. Los dos
    D. Ninguno de los dos   (B9)

51. El Tasador A aumenta la tarifa de subcontratación en un 50%. El Tasador B aumenta la tarifa de subcontratación en un 75%. ¿Quién tiene razón?
    A. Sólo A
    B. Sólo B
    C. Los dos
    D. Ninguno de los dos   (B16)

52. El Tasador A afirma que la luz roja de advertencia de freno se enciende cuando el sistema de frenos pierde presión. El Tasador B afirma que la luz roja de advertencia de freno indica un problema de funcionamiento del ABS. ¿Quién tiene razón?
    A. Sólo A
    B. Sólo B
    C. Los dos
    D. Ninguno de los dos   (E3.2)

53. La revisión general incluye todos los siguientes procedimientos, **EXCEPTO:**
    A. Retirar la pieza del vehículo
    B. Instalar la pieza en el vehículo
    C. Realizar el acabado de la pieza del vehículo
    D. Inspeccionar la pieza del vehículo   (B5)

54. Una pieza solicitada está pendiente de llegar. El Tasador A dice que es posible que la pieza se encuentre disponible en una semana. El Tasador B dice que es posible que la pieza se encuentre disponible en un mes. ¿Quién tiene razón?
    A. Sólo A
    B. Sólo B
    C. Los dos
    D. Ninguno de los dos   (F4)

55. El Tasador A afirma que una fuga de vacío en vehículos nuevos no causa ningún problema de conducción. El Tasador B afirma que se debe añadir limpiador del inyector de combustible al tanque de combustible cada vez que se llene. ¿Quién tiene razón?
    A. Sólo A
    B. Sólo B
    C. Los dos
    D. Ninguno de los dos   (E1.3)

56. Un freno de tambor se compone de todos los siguientes elementos, **EXCEPTO DE:**
    A. Rotor
    B. Tambor
    C. Zapata
    D. Cilindro de la rueda   (E3.1)

57. Llamar al cliente proporciona todos los siguientes beneficios, **EXCEPTO:**
    A. una oportunidad para responder a las preguntas.
    B. la oportunidad de preguntar acerca de los daños previos.
    C. una oportunidad para explicar la reparación.
    D. la oportunidad de exponer las quejas acerca de la compañía aseguradora.   (G6)

58. El Tasador A afirma que se debe proporcionar al cliente una declaración acerca de la calidad y la mano de obra cuando se realiza la entrega del vehículo. El Tasador B afirma que siempre se deberá proporcionar al cliente una copia impresa de la información de garantía en el momento de la entrega del vehículo. ¿Quién tiene razón?
    A. Sólo A
    B. Sólo B
    C. Los dos
    D. Ninguno de los dos   (G9)

59. El Tasador A afirma que el tipo de fijador utilizado en la sustitución es importante. El Tasador B afirma que cualquier tornillo que se ajuste bien es adecuado. ¿Quién tiene razón?
    A. Sólo A
    B. Sólo B
    C. Los dos
    D. Ninguno de los dos   (E7.1)

60. El Tasador A afirma que se deben explicar al cliente los procesos de reparación. El Tasador B afirma que siempre se deben identificar con el cliente los paneles que se van a reparar y los que se van a reemplazar con antelación a la reparación. ¿Quién tiene razón?
    A. Sólo A
    B. Sólo B
    C. Los dos
    D. Ninguno de los dos   (G6)

61. El Tasador A afirma que un absorbente de impactos de poliestireno roto se puede reparar con una cinta y volver a utilizar. El Tasador B afirma que las abolladuras del absorbente de impactos de poliestireno se deben reparar con relleno de carrocería plástico. ¿Quién tiene razón?
    A. Sólo A
    B. Sólo B
    C. Los dos
    D. Ninguno de los dos   (D3)

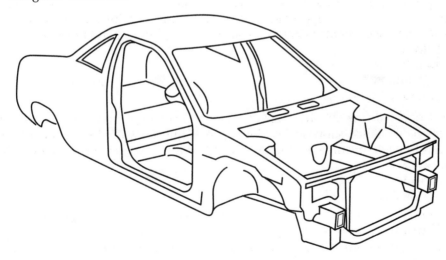

62. La figura muestra:
    A. una estructura espacial.
    B. un vehículo monoestructural.
    C. un bastidor completo.
    D. un bastidor parcial.   (D1)

63. El Tasador A afirma que los clientes no están interesados en la reparación del vehículo y que, por está razón, nunca se pone en contacto con los clientes durante la reparación. El Tasador B llama al cliente a medida que avanza la reparación. ¿Quién tiene razón?
    A. Sólo A
    B. Sólo B
    C. Los dos
    D. Ninguno de los dos   (G6)

64. El Tasador A utiliza una referencia para medir la diagonal. El Tasador B utiliza una referencia para medir la longitud. ¿Quién tiene razón?
    A. Sólo A
    B. Sólo B
    C. Los dos
    D. Ninguno de los dos   (A8)

65. El Tasador A escucha la descripción del cliente de los daños del vehículo. El Tasador B ignora la información proporcionada por el cliente porque él es el profesional de reparación de colisiones y no el cliente. ¿Quién tiene razón?
    A. Sólo A
    B. Sólo B
    C. Los dos
    D. Ninguno de los dos   (G2)

66. El Tasador A afirma que un conjunto de guardabarros usado puede incluir el revestimiento del guardabarros. El Tasador B afirma que un conjunto de guardabarros usado incluye las molduras. ¿Quién tiene razón?
    A. Sólo A
    B. Sólo B
    C. Los dos
    D. Ninguno de los dos   (F9)

67. El Tasador A afirma que se deben reemplazar las zapatas de freno cuando se cambia una placa de apoyo. El Tasador B afirma que se pueden reutilizar las zapatas al reemplazar la placa de apoyo siempre que no estén desgastadas. ¿Quién tiene razón?
    A. Sólo A
    B. Sólo B
    C. Los dos
    D. Ninguno de los dos   (E3.3)

68. Se deberían registrar todos los datos siguientes, **EXCEPTO:**
    A. Fecha de producción
    B. Consumo de combustible
    C. Kilometraje
    D. Número de la placa de matrícula   (B2)

69. ¿Cuál de las siguientes piezas se encuentra disponible únicamente como OEM?
    A. Guardabarros
    B. Alternadores
    C. El capó
    D. Piezas de seguridad   (F1)

70. El Tasador A afirma que se puede realizar la depreciación, basada en el kilometraje, de las piezas dañadas de la suspensión. El Tasador B afirma que se puede deducir la mejora del desgaste existente en la pintura. ¿Quién tiene razón?
    A. Sólo A
    B. Sólo B
    C. Los dos
    D. Ninguno de los dos   (B28)

71. Todos los siguientes componentes forman parte del sistema de seguridad,
    EXCEPTO:
    A. Bolsas de aire
    B. ABS
    C. Extremos de las barras de acoplamiento
    D. Guardabarros   (G10)

72. Las siglas VOC significan:
    A. varios compuestos orgánicos.
    B. compuestos orgánicos variables.
    C. varios productos químicos orgánicos.
    D. compuestos orgánicos volátiles.   (C1)

73. El Tasador A afirma que R-12 y R-134a son intercambiables. El Tasador B afirma
    que R-12 se utiliza en la mayoría de los vehículos nuevos. ¿Quién tiene razón?
    A. Sólo A
    B. Sólo B
    C. Los dos
    D. Ninguno de los dos   (E4.2)

74. El Tasador A afirma que los vehículos monoestructurales se han diseñado para
    absorber la energía de las colisiones. El Tasador B afirma que los repliegues de los
    miembros estructurales del vehículo monoestructural absorben el impacto. ¿Quién
    tiene razón?
    A. Sólo A
    B. Sólo B
    C. Los dos
    D. Ninguno de los dos   (D2)

75. El Tasador A afirma que se debe reemplazar una bolsa de aire desplegada. El
    Tasador B afirma que se deben reemplazar todos los sensores tras el despliegue.
    ¿Quién tiene razón?
    A. Sólo A
    B. Sólo B
    C. Los dos
    D. Ninguno de los dos   (A13)

76. La grapa posterior incluye todos los siguientes elementos, **EXCEPTO:**
    A. las puertas traseras.
    B. la puerta del maletero.
    C. las luces traseras.
    D. el parachoques trasero.   (F9)

77. ¿Qué se utiliza para determinar el precio de un vehículo?
    A. Porcentaje de precio del vehículo nuevo
    B. Manual del propietario
    C. Guía de precios de coches usados
    D. Guía de cálculo de colisiones   (A6)

78. El Tasador A afirma que los vehículos monoestructurales pueden tener daños
    dentro de especificaciones de fábrica. El Tasador B afirma que los vehículos de
    bastidor total pueden tener daños dentro de especificaciones de fábrica. ¿Quién
    tiene razón?
    A. Sólo A
    B. Sólo B
    C. Los dos
    D. Ninguno de los dos   (D2)

79. Todo los siguientes materiales son materiales de reparación de la carrocería, **EXCEPTO:**
   A. Relleno de carrocería
   B. Cable de soldado MIG
   C. Capa transparente
   D. Material de reparación plástico   (E7.2)

80. El taller ofrece todas las siguientes garantías, **EXCEPTO:**
   A. Daños previos
   B. Piezas
   C. Pintura
   D. Mano de obra   (G9)

81. El Tasador A afirma que el purgado de los frenos resulta necesario cada vez que se abre un sistema de frenos. El Tasador B afirma que un buen técnico puede reemplazar un conducto de freno sin llevar a cabo el purgado. ¿Quién tiene razón?
   A. Sólo A
   B. Sólo B
   C. Los dos
   D. Ninguno de los dos   (E3.3)

82. Al elaborar presupuestos, el Tasador A registra primero la información del cliente. Al elaborar presupuestos, el Tasador B comprueba primero el código de pintura del vehículo. ¿Quién tiene razón?
   A. Sólo A
   B. Sólo B
   C. Los dos
   D. Ninguno de los dos   (B1)

83. El Tasador A afirma que la batería almacena energía eléctrica. El Tasador B afirma que las averías de los componentes eléctricos suelen estar causadas por cables rotos. ¿Quién tiene razón?
   A. Sólo A
   B. Sólo B
   C. Los dos
   D. Ninguno de los dos   (E5.2)

84. El Tasador A afirma que el tiempo de mano de obra de medición del bastidor deberá incluirse en todos los presupuestos. El Tasador B afirma que el tiempo de mano de obra de medición del bastidor sólo se deberá incluir en los presupuestos de vehículos en los que se sospecha la existencia de daños del bastidor. ¿Quién tiene razón?
   A. Sólo A
   B. Sólo B
   C. Los dos
   D. Ninguno de los dos   (B22)

85. La suspensión delantera se sacude para comprobar:
   A. los daños de la caja de cremallera de la dirección.
   B. la alineación de las ruedas delanteras.
   C. la alineación de la cremallera de dirección.
   D. los daños de los brazos de dirección.   (A12)

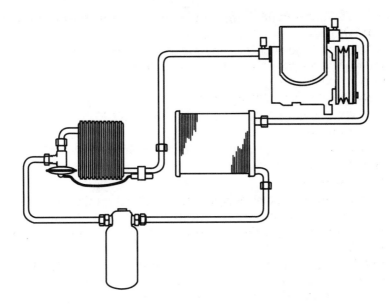

86. La figura muestra:
    A. una sistema de presión del combustible.
    B. un sistema de calefacción.
    C. un sistema de aire acondicionado.
    D. un sistema de emisiones de evaporación de combustible. (E4.1)

87. El Tasador A afirma que el cristal encapsulado requiere especial atención a la hora de retirarlo. El Tasador B afirma que el cristal móvil puede atornillarse a la manija de la ventanilla. ¿Quién tiene razón?
    A. Sólo A
    B. Sólo B
    C. Los dos
    D. Ninguno de los dos (D7)

88. El Tasador A afirma que es posible soldar los cables rotos para repararlos. El Tasador B afirma que es posible plegar los cables rotos para repararlos. ¿Quién tiene razón?
    A. Sólo A
    B. Sólo B
    C. Los dos
    D. Ninguno de los dos (E5.3)

89. El Tasador A afirma que las piezas usadas se utilizan ocasionalmente en los vehículos nuevos. El Tasador B afirma que la decisión de utilizar piezas de recuperación deberá depender del estado del vehículo. ¿Quién tiene razón?
    A. Sólo A
    B. Sólo B
    C. Los dos
    D. Ninguno de los dos (F11)

90. El Tasador A afirma que, si el coste de la reparación supera el valor de venta al público, el vehículo dañado puede considerarse como pérdida total. El Tasador B afirma que el valor de recuperación de un vehículo considerado como pérdida total es variable. ¿Quién tiene razón?
    A. Sólo A
    B. Sólo B
    C. Los dos
    D. Ninguno de los dos (A6)

91. El Tasador A afirma que es importante proyectar una actitud positiva para ganarse la confianza del cliente. El Tasador B afirma que, si se proyecta una actitud positiva y resulta obvio que el taller tiene mucho trabajo, no es tan importante que las mesas estén desordenadas. ¿Quién tiene razón?
    A. Sólo A
    B. Sólo B
    C. Los dos
    D. Ninguno de los dos   (G8)

92. El Tasador A dice "Hola" al responder al teléfono del taller. El Tasador B dice el nombre del taller y su propio nombre al responder al teléfono del taller. ¿Quién tiene razón?
    A. Sólo A
    B. Sólo B
    C. Los dos
    D. Ninguno de los dos   (G4)

93. El Tasador A abre siempre el capó, incluso si está aplastado, para inspeccionar los daños de la zona situada debajo del capó cuando se trata de un vehículo que ha sufrido un choque frontal. El Tasador B afirma que no es necesario abrir el capó si el choque frontal ha sido leve. ¿Quién tiene razón?
    A. Sólo A
    B. Sólo B
    C. Los dos
    D. Ninguno de los dos   (A2)

94. El centrado del volante de dirección incluye todos los procedimientos siguientes, **EXCEPTO:**
    A. Descargar la suspensión
    B. Girar el volante de dirección hasta bloquearlo
    C. Contar el número de giros
    D. Dividir el número de giros entre dos   (A12)

95. El aumento de precio de una pieza usada es:
    A. 5–10%
    B. 10–15%
    C. 15–20%
    D. 20–25%   (B14)

96. La deducción de solapa de acabado es de 0,4 horas para cada panel adyacente. ¿Cuánto sería la deducción de solapa para un acabado de cuatro paneles adyacentes?
    A. 0,4
    B. 0,8
    C. 1,2
    D. 1,6   (B24)

97. El Tasador A afirma que los precios de las piezas OEM cambian a menudo. El Tasador B afirma que los datos deberán estar actualizados para que el presupuesto sea preciso. ¿Quién tiene razón?
    A. Sólo A
    B. Sólo B
    C. Los dos
    D. Ninguno de los dos   (B25)

98. El Tasador A afirma que las calcomanías y las líneas decorativas se incluyen entre los accesorios. El Tasador A afirma que los revestimientos del bastidor se incluyen entre los accesorios. ¿Quién tiene razón?
    A. Sólo A
    B. Sólo B
    C. Los dos
    D. Ninguno de los dos   (D8)

99. ¿Cuál de los siguientes datos es MENOS probable que conozca el cliente?:
    A. Compañía aseguradora
    B. Teléfono del trabajo
    C. Domicilio
    D. Número de la reclamación (B1)

100. Un parachoques reconstruido se denomina también:
    A. parachoques recauchutado.
    B. parachoques cromado.
    C. parachoques reformado.
    D. parachoques recreado. (F15)

101. El Tasador A afirma que se deben reemplazar las juntas tóricas cuando se desconectan los conectores del aire acondicionado. El Tasador B afirma que, si el sistema de aire acondicionado está bajo presión, se puede desconectar un conector de aire acondicionado para liberar el refrigerante. ¿Quién tiene razón?
    A. Sólo A
    B. Sólo B
    C. Los dos
    D. Ninguno de los dos (E4.3)

102. El Tasador A afirma que se deben reemplazar los cinturones de seguridad desgastados. El Tasador B afirma que se deben reemplazar los cinturones de seguridad que soportan demasiada tensión. ¿Quién tiene razón?
    A. Sólo A
    B. Sólo B
    C. Los dos
    D. Ninguno de los dos (A14)

103. El Tasador A afirma que los acumuladores se pueden denominar también secadores. El Tasador B afirma que los evaporadores se llaman también secadores. ¿Quién tiene razón?
    A. Sólo A
    B. Sólo B
    C. Los dos
    D. Ninguno de los dos (E4.1)

104. El Tasador A afirma que se debe desmontar el guardabarros para poder comprobar los daños del salpicadero cuando ha tenido una colisión. El Tasador B afirma que se debe desmontar el capó para poder comprobar si existen daños ocultos en un choque frontal de un vehículo monoestructural. ¿Quién tiene razón?
    A. Sólo A
    B. Sólo B
    C. Los dos
    D. Ninguno de los dos (A2)

105. ¿Cuál de las siguientes piezas es más probable que se encuentre disponible en el mercado independiente?:
    A. Panel trasero
    B. Panel de separación
    C. Pilar central
    D. Guardabarros (F8)

106. Una coca se define como una distorsión:
    A. de más de 90° en un radio corto.
    B. de menos de 90° en un radio corto.
    C. de más de 60° en un radio largo.
    D. de menos de 60° en un radio corto. (A7)

107. El Tasador A afirma que todas las garantías tienen un periodo de validez máximo de un año. El Tasador B afirma que las garantías son válidas mientras el cliente sea propietario del vehículo. ¿Quién tiene razón?
    A. Sólo A
    B. Sólo B
    C. Los dos
    D. Ninguno de los dos   (C2)

108. El Tasador A afirma que el sistema de bolsa de aire incluye sensores de impactos. El Tasador B afirma que el sistema de bolsa de aire incluye un módulo. ¿Quién tiene razón?
    A. Sólo A
    B. Sólo B
    C. Los dos
    D. Ninguno de los dos   (E6.1)

109. ¿Cuál de los siguientes tiempos no se incluye en las guías de cálculo de colisiones?:
    A. Tiempo de accesorios
    B. Tiempo de mano de obra de piezas OEM
    C. Tiempo de acabado de piezas OEM
    D. Tiempo de revisión general de piezas OEM   (A15)

110. El Tasador A afirma que la depreciación de los neumáticos se basa en las bandas de rodadura restantes. El Tasador B afirma que los componentes de la suspensión están sujetos a depreciación. ¿Quién tiene razón?
    A. Sólo A
    B. Sólo B
    C. Los dos
    D. Ninguno de los dos   (B28)

111. El Tasador A afirma que el taller debe poder responder las preguntas del cliente. El Tasador B afirma que el cliente confía en un taller que explique todos los procedimientos. ¿Quién tiene razón?
    A. Sólo A
    B. Sólo B
    C. Los dos
    D. Ninguno de los dos   (G3)

112. El Tasador A afirma que no es necesario incluir las opciones en todos los presupuestos. El Tasador B afirma que la presencia de sistemas de seguridad, tales como las bolsas de aire, deberá figurar en el presupuesto. ¿Quién tiene razón?
    A. Sólo A
    B. Sólo B
    C. Los dos
    D. Ninguno de los dos   (B3)

113. El Tasador A afirma que el sistema de bolsa de aire realiza autoverificaciones cada vez que se gira la llave de contacto. El Tasador B afirma que en algunos tipos de accidentes, la bolsa o bolsas de aire no se despliegan. ¿Quién tiene razón?
    A. Sólo A
    B. Sólo B
    C. Los dos
    D. Ninguno de los dos   (E6.2)

114. El Tasador A afirma que, según las páginas "P", se debe añadir mano de obra adicional a la sustitución del guardabarros por desmontar el parachoques delantero. El Tasador B afirma que las páginas "P" contienen todo lo que no se incluye en las asignaciones de mano de obra. ¿Quién tiene razón?
    A. Sólo A
    B. Sólo B
    C. Los dos
    D. Ninguno de los dos   (B8)

115. Al inspeccionar los tornillos y tuercas para determinar si son métricos o estándar, para indicar que se trata de tornillos estándar americanos el tornillo incluirá:
    A. letras en la cabeza.
    B. ninguna marca en la cabeza.
    C. líneas o puntos en la cabeza.
    D. un número en la cabeza. (E7.1)

116. Los objetos del interior del vehículo pueden dañar todos los componentes siguientes, **EXCEPTO:**
    A. la puerta del maletero.
    B. el panel trasero.
    C. el guardabarros.
    D. la puerta. (A14)

117. El Tasador A afirma que el ajuste de paneles puede considerarse un estado anterior a la pérdida. El Tasador B afirma que la correspondencia del color puede considerarse un estado anterior a la pérdida. ¿Quién tiene razón?
    A. Sólo A
    B. Sólo B
    C. Los dos
    D. Ninguno de los dos (C3)

118. El Tasador A afirma que no todas las piezas que pueden resultar necesarias se encuentran disponibles como piezas usadas. El Tasador B afirma que las piezas usadas de vehículos de último modelo pueden resultar difíciles de encontrar. ¿Quién tiene razón?
    A. Sólo A
    B. Sólo B
    C. Los dos
    D. Ninguno de los dos (F12)

119. El acero de resistencia superior sirve para fabricar:
    A. barras laterales de las puertas.
    B. acero blando.
    C. acero de alta resistencia.
    D. paneles traseros. (D4)

120. El componente mostrado es:
    A. una válvula de escape de presión del aire acondicionado.
    B. un sensor de emisiones.
    C. un regulador de presión del combustible.
    D. un inyector de combustible. (E1.1)

121. El Tasador A afirma que, en algunos componentes de la dirección, se considera aceptable un nivel bajo de juego si está dentro de las tolerancias. El Tasador B afirma que los componentes de la suspensión pueden sufrir desgaste. ¿Quién tiene razón?
    A. Sólo A
    B. Sólo B
    C. Los dos
    D. Ninguno de los dos (E2.2)

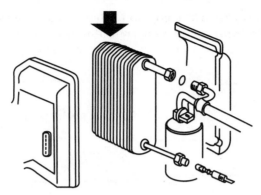

122. La pieza del aire acondicionado mostrada es un:
    A. condensador.
    B. receptor/secador.
    C. compresor.
    D. evaporador.   (E4.1)

123. El Tasador A afirma que, si se enciende la luz de aviso del ABS, el sistema está funcionando correctamente. El Tasador B afirma que, si se enciende la luz de aviso del ABS, indica un problema de funcionamiento del sistema. ¿Quién tiene razón?
    A. Sólo A
    B. Sólo B
    C. Los dos
    D. Ninguno de los dos   (E3.2)

124. La pieza que conecta la caja de la cremallera de la dirección al tensor central se denomina:
    A. barra de acoplamiento de la dirección.
    B. brazo Pitman.
    C. barra de acoplamiento.
    D. brazo intermedio.   (E2.1)

125. El Tasador A afirma que se deben devolver todas las piezas dañadas al estado original anterior a la pérdida. El Tasador B afirma que la pintura oxidada se considera un estado anterior a la pérdida. ¿Quién tiene razón?
    A. Sólo A
    B. Sólo B
    C. Los dos
    D. Ninguno de los dos   (C3)

126. El Tasador A afirma que los vehículos monoestructurales tienen un bastidor independiente. El Tasador B afirma que un vehículo de estructura espacial es similar a un vehículo de bastidor total. ¿Quién tiene razón?
    A. Sólo A
    B. Sólo B
    C. Los dos
    D. Ninguno de los dos   (D1)

127. El Tasador A afirma que el tiempo de configuración de un sistema de sujeción al suelo es el mismo que para un banco. El Tasador B afirma que los bancos se utilizan únicamente para reparar daños leves. ¿Quién tiene razón?
    A. Sólo A
    B. Sólo B
    C. Los dos
    D. Ninguno de los dos   (B23)

128. El Tasador A afirma que los cambios introducidos en un presupuesto una vez iniciada la reparación deberán aprobarlos todas las partes. El Tasador B afirma que el no realizar las tareas que figuran en el presupuesto sin modificar el presupuesto constituye fraude. ¿Quién tiene razón?
    A. Sólo A
    B. Sólo B
    C. Los dos
    D. Ninguno de los dos   (C2)

129. El Tasador A afirma que se debe inspeccionar el vehículo para determinar el punto de impacto. El Tasador B afirma que se debe consultar al cliente para determinar el punto de impacto siempre que sea posible. ¿Quién tiene razón?
    A. Sólo A
    B. Sólo B
    C. Los dos
    D. Ninguno de los dos   (A4)

130. La pieza indicada es:
    A. un panel inferior de puerta.
    B. un pilar A.
    C. un pilar central.
    D. un panel trasero.   (F1)

131. El Tasador A dice que los componentes de la suspensión poco dañados pueden enderezarse. El Tasador B afirma que el tasador debe determinar el método más económico para devolver al vehículo dañado el estado original anterior al accidente. ¿Quién tiene razón?
    A. Sólo A
    B. Sólo B
    C. Los dos
    D. Ninguno de los dos   (F3)

132. Todas las siguientes piezas suelen encontrarse disponibles como piezas del mercado independiente, **EXCEPTO:**
    A. Guardabarros
    B. Parachoques
    C. Panel principal
    D. Riel del bastidor   (F8)

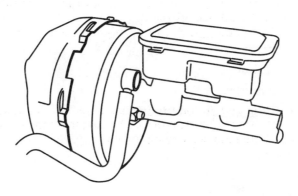

133. El componente mostrado es:
    A. una unidad hidráulica de frenos antibloqueo.
    B. un conjunto de bomba de la dirección asistida.
    C. un conjunto de cilindro maestro e intensificador eléctrico.
    D. un conjunto de freno manual.   (E3.1)

134. ¿Cuál de los siguientes componentes se oxida más rápido si no está protegido?
    A. Una cubierta del parachoques de uretano
    B. Un riel del bastidor cortado
    C. Un guardabarros de acero
    D. Una escotilla SMC   (B27)

135. El Tasador A afirma que las barras estabilizadoras pueden utilizarse en la suspensión delantera de algunos vehículos. El Tasador B afirma que las barras estabilizadoras pueden utilizarse en la suspensión trasera de algunos vehículos. ¿Quién tiene razón?
    A. Sólo A
    B. Sólo B
    C. Los dos
    D. Ninguno de los dos   (E2.1)

136. El Tasador A afirma que una pieza del mercado independiente puede venir con todos los agujeros necesarios ya taladrados. El Tasador B afirma que, en algunos casos, es necesario taladrar agujeros en los guardabarros del mercado independiente. ¿Quién tiene razón?
    A. Sólo A
    B. Sólo B
    C. Los dos
    D. Ninguno de los dos   (F6)

137. ¿Cuál de los siguientes componentes eléctricos es menos probable que se dañe en una colisión frontal?
    A. Faro
    B. Arranque
    C. Luz de intermitente
    D. Batería   (E5.2)

138. El Tasador A afirma que llamar al cliente durante la reparación del vehículo puede hacer que el cliente confíe en el taller. El Tasador B afirma que el contacto con la compañía aseguradora es fundamental a la hora de investigar problemas previos del vehículo. ¿Quién tiene razón?
    A. Sólo A
    B. Sólo B
    C. Los dos
    D. Ninguno de los dos   (G6)

139. Esta pieza del vehículo es:
    A. el panel trasero derecho.
    B. el panel trasero izquierdo.
    C. el guardabarros derecho.
    D. el guardabarros izquierdo.   (F1)

140. El Tasador A afirma que es importante explicar las ventajas de un presupuesto informatizado al cliente. El Tasador B afirma que es importante explicar todo el presupuesto al cliente. ¿Quién tiene razón?
    A. Sólo A
    B. Sólo B
    C. Los dos
    D. Ninguno de los dos   (G13)

141. El Tasador A afirma que se debe informar al cliente acerca de cuándo finalizará la reparación del vehículo. El Tasador B indica al cliente que no llame, que el taller le llamará cuando esté listo el vehículo. ¿Quién tiene razón?
    A. Sólo A
    B. Sólo B
    C. Los dos
    D. Ninguno de los dos   (G11)

142. El Tasador A afirma que se debe tener en cuenta la solapa en los tiempos de mano de obra de acabado. El Tasador B afirma que se deben añadir al presupuesto los tiempos de mano de obra incluidos. ¿Quién tiene razón?
    A. Sólo A
    B. Sólo B
    C. Los dos
    D. Ninguno de los dos   (B18)

143. ¿Cuál de los siguientes deberá incluirse en los cargos de materiales adicionales?
    A. Cintas adhesivas
    B. Relleno de carrocería
    C. Molduras de la parte lateral de la carrocería
    D. Calcomanías   (B19)

144. Si las horas de acabado son 7,5 y el cargo del taller de los materiales de acabado es de $20 por hora, el importe de los materiales de acabado será:
    A. 150,00
    B. 160,00
    C. 170,00
    D. 180,00   (B20)

145. ¿Cuál de las siguientes prácticas empresariales no se considera aceptable cuando el cliente viene a recoger el vehículo?
    A. Enviar una encuesta de evaluación de los servicios.
    B. Realizar una llamada de seguimiento.
    C. Pedir al cliente que llame si le surge alguna duda o problema.
    D. Ofrecerse a limpiar el vehículo cuando llega el cliente.   (G6)

146. Todos los instrumentos siguientes pueden utilizarse para medir la línea central, **EXCEPTO:**
    A. Sistema de medición láser
    B. Medidor de referencia
    C. Sistema de medición mecánico
    D. Medidores autocentrantes.   (A8)

147. El Tasador A repara una placa de parachoques de plástico flexible con relleno de carrocería. El Tasador B repara una placa de parachoques de plástico flexible con adhesivo. ¿Quién tiene razón?
    A. Sólo A
    B. Sólo B
    C. Los dos
    D. Ninguno de los dos   (A9)

148. Si no se identifica a sí mismo durante el primer contacto telefónico con un cliente potencial:
    A. se inicia una relación de confianza.
    B. se infunde confianza en su negocio.
    C. se infunde la confianza de trabajar con un profesional verdadero.
    D. el cliente se cuestiona su honradez.   (G4)

149. El Tasador A afirma que los tornillos estándar tienen líneas o puntos en la cabeza. El Tasador B afirma que los tornillos métricos tienen puntos en la cabeza. ¿Quién tiene razón?
    A. Sólo A
    B. Sólo B
    C. Los dos
    D. Ninguno de los dos   (E7.1)

150. El Tasador A afirma que los cargos de subcontratación del taller pueden ser inferiores a los cargos estándar del cliente. El Tasador B afirma que se suele subcontratar la sustitución del parachoques. ¿Quién tiene razón?
    A. Sólo A
    B. Sólo B
    C. Los dos
    D. Ninguno de los dos   (B16)

151. El Tasador A afirma que los presupuestos informáticos incluyen los números de las piezas. El Tasador B afirma que los presupuestos informáticos incluyen las asignaciones de mano de obra. ¿Quién tiene razón?
    A. Sólo A
    B. Sólo B
    C. Los dos
    D. Ninguno de los dos   (B25)

152. Al inspeccionar los daños de un vehículo, el Tasador A empieza en el punto de impacto. Al inspeccionar los daños de un vehículo, el Tasador B empieza en el punto más alejado de la zona dañada. ¿Quién tiene razón?
    A. Sólo A
    B. Sólo B
    C. Los dos
    D. Ninguno de los dos   (A10)

153. Un cliente está descontento de la reparación. El Tasador A le dice al cliente: "Hicimos lo que pudimos". El Tasador B le dice al cliente que investigará el problema para comprobar si la reclamación está justificada. ¿Quién tiene razón?
    A. Sólo A
    B. Sólo B
    C. Los dos
    D. Ninguno de los dos   (G5)

154. El Tasador A afirma que la mayoría de las piezas del vehículo se encuentran disponibles como piezas reconstruidas. El Tasador B afirma que se debe consultar al proveedor para confirmar la disponibilidad de las piezas reconstruidas. ¿Quién tiene razón?
    A. Sólo A
    B. Sólo B
    C. Los dos
    D. Ninguno de los dos   (F16)

155. El Tasador A afirma que los fijadores de la suspensión pueden ser de aplicación de par secuencial y medida. El Tasador B siempre consulta las recomendaciones del fabricante para comprobar si los fijadores son de aplicación de par secuencial y medida. ¿Quién tiene razón?
    A. Sólo A
    B. Sólo B
    C. Los dos
    D. Ninguno de los dos   (E7.1)

156. El Tasador A afirma que las dobleces leves de la placa de montaje del amortiguador pueden repararse. El Tasador B afirma que, cuando la placa de montaje de un amortiguador tiene daños leves, ha perdido su resistencia y debe reemplazarse. ¿Quién tiene razón?
    A. Sólo A
    B. Sólo B
    C. Los dos
    D. Ninguno de los dos   (D3)

157. El Tasador A afirma que las páginas "P" contienen la mano de obra incluida. El Tasador B afirma que la mano de obra incluida figura en cada una de las secciones (si corresponde). ¿Quién tiene razón?
    A. Sólo A
    B. Sólo B
    C. Los dos
    D. Ninguno de los dos   (B18)

158. Todas las siguientes piezas son piezas no estructurales, **EXCEPTO:**
    A. Capó
    B. Panel inferior de puerta
    C. Puerta
    D. Panel trasero   (A9)

159. Todas las piezas siguientes forman parte del sistema de aire acondicionado, **EXCEPTO:**
    A. Evaporador
    B. Condensador
    C. Válvula de expansión
    D. Núcleo calefactor   (E4.1)

160. El Tasador A afirma que la rueda trasera derecha del vehículo se encuentra ubicada en el lado del pasajero. El Tasador B afirma que la rueda delantera izquierda se encuentra ubicada en el lado del conductor. ¿Quién tiene razón?
    A. Sólo A
    B. Sólo B
    C. Los dos
    D. Ninguno de los dos   (B6)

161. El Tasador A afirma que se puede utilizar relleno de carrocería para reparar un panel de aluminio abollado. El Tasador B afirma que, en algunos vehículos, el capó es de aluminio. ¿Quién tiene razón?
    A. Sólo A
    B. Sólo B
    C. Los dos
    D. Ninguno de los dos   (D5)

162. Los daños causados por la inercia dependen de los factores siguientes, **EXCEPTO DE:**
    A. Peso del vehículo
    B. Altura del vehículo
    C. Velocidad del vehículo
    D. Peso del ocupante del vehículo   (A14)

163. Las siglas SUV significan:
    A. vehículo de utilidad especial.
    B. vehículo de uso especial.
    C. vehículo deportivo.
    D. vehículo de utilidad deportiva.   (D1)

164. Si se requiere una operación de mano de obra, pero no se encuentra incluida, se denomina:
    A. complemento.
    B. solapa.
    C. adición.
    D. deducción.   (B18)

165. El Tasador A afirma que un sistema ABS de dos canales controla las dos ruedas traseras a la vez. El Tasador B afirma que un sistema ABS de tres canales controla las ruedas traseras por separado. ¿Quién tiene razón?
    A. Sólo A
    B. Sólo B
    C. Los dos
    D. Ninguno de los dos   (E3.1)

166. El tipo de acero utilizado con más frecuencia en un vehículo es:
    A. acero de resistencia superior.
    B. acero blando.
    C. acero de alta resistencia.
    D. acero martensético.   (D4)

167. El Tasador A afirma que se deben enderezar los componentes de la dirección dañados. El Tasador B afirma que se deben enderezar los componentes doblados de la suspensión. ¿Quién tiene razón?
    A. Sólo A
    B. Sólo B
    C. Los dos
    D. Ninguno de los dos   (E2.3)

168. El Tasador A afirma que los accesorios se incluyen en las guías de cálculo de colisiones. El Tasador B afirma que las guías de cálculo de colisiones no incluyen las piezas OEM. ¿Quién tiene razón?
    A. Sólo A
    B. Sólo B
    C. Los dos
    D. Ninguno de los dos   (D8)

169. Los componentes de seguridad protegen:
    A. a los pasajeros.
    B. la unidad impulsora.
    C. el motor.
    D. la transmisión.   (F2)

170. El Tasador A afirma que se debe incluir el coste de los tornillos como materiales adicionales en el presupuesto. El Tasador B afirma que se deben incluir las placas como materiales adicionales. ¿Quién tiene razón?
    A. Sólo A
    B. Sólo B
    C. Los dos
    D. Ninguno de los dos   (B19)

171. El Tasador A afirma que todos los vehículos importados se incluyen en una sola guía. El Tasador B utiliza una guía de cálculo de colisiones para determinar la secuencia de elaboración del presupuesto. ¿Quién tiene razón?
    A. Sólo A
    B. Sólo B
    C. Los dos
    D. Ninguno de los dos   (B7)

172. El Tasador A afirma que puede resultar necesario utilizar un incrementador de adherencia especial para reparar los plásticos con olefina. El Tasador B afirma que es posible reparar los plásticos rígidos con adhesivos. ¿Quién tiene razón?
    A. Sólo A
    B. Sólo B
    C. Los dos
    D. Ninguno de los dos   (D6)

173. Los parachoques metálicos que se han vuelto a acondicionar se denominan:
    A. parachoques recreados.
    B. parachoques reformados.
    C. parachoques cromados.
    D. parachoques rectificados.   (B15)

174. El Tasador A afirma que es posible volver a dar forma a los plásticos rígidos con calor. El Tasador B afirma que se pueden soldar todos los tipos de plásticos. ¿Quién tiene razón?
    A. Sólo A
    B. Sólo B
    C. Los dos
    D. Ninguno de los dos   (D6)

175. El número de pieza es 66635-6. El Tasador A afirma que 66635 es el número de la pieza izquierda. El Tasador B afirma que 66635 es el número de la pieza derecha. ¿Quién tiene razón?
    A. Sólo A
    B. Sólo B
    C. Los dos
    D. Ninguno de los dos   (B12)

176. El Tasador A afirma que la asignación de mano de obra para la aplicación de protección contra la corrosión a una pieza de recambio nueva no soldada deberá incluir el tiempo de aplicación del sellador de grietas. El Tasador B afirma que los terminales soldados no son objeto de corrosión. ¿Quién tiene razón?
    A. Sólo A
    B. Sólo B
    C. Los dos
    D. Ninguno de los dos   (B27)

177. El Tasador A afirma que el procedimiento utilizado para generar un presupuesto informático varía en función de la empresa de servicios de información. El Tasador B afirma que los presupuestos informáticos incluyen los números de pieza. ¿Quién tiene razón?
    A. Sólo A
    B. Sólo B
    C. Los dos
    D. Ninguno de los dos   (B25)

178. El Tasador A afirma que algunos paneles dañados no se pueden reparar. El Tasador B afirma que siempre se deben reemplazar las piezas dañadas de la dirección. ¿Quién tiene razón?
    A. Sólo A
    B. Sólo B
    C. Los dos
    D. Ninguno de los dos   (F3)

179. El Tasador A afirma que el embalaje de las piezas del mercado independiente es distinto del de las piezas OEM. El Tasador B afirma que algunas piezas de metal laminado se encuentran disponibles como piezas del mercado independiente. ¿Quién tiene razón?
    A. Sólo A
    B. Sólo B
    C. Los dos
    D. Ninguno de los dos   (F5)

180. Al inspeccionar los daños, el Tasador A busca huecos en los paneles. Al inspeccionar los daños, el Tasador B busca grietas producidas por la tensión. ¿Quién tiene razón?
    A. Sólo A
    B. Sólo B
    C. Los dos
    D. Ninguno de los dos   (A4)

181. Se está explicando el presupuesto al cliente. El Tasador A utiliza terminología técnica. El Tasador B utiliza un lenguaje accesible. ¿Quién tiene razón?
    A. Sólo A
    B. Sólo B
    C. Los dos
    D. Ninguno de los dos   (G13)

182. ¿Cuál de los siguientes no se incluye en el tiempo de opinión?:
    A. Desbastado
    B. Acabado
    C. Análisis de daños
    D. Planificación de la reparación   (B10)

183. Se va a instalar una grapa posterior superior en un vehículo que ha sufrido una colisión trasera. El Tasador A afirma que los paneles inferiores de las puertas se van a empalmar y soldar. El Tasador B afirma que el riel del bastidor trasero se va a empalmar y soldar. ¿Quién tiene razón?
    A. Sólo A
    B. Sólo B
    C. Los dos
    D. Ninguno de los dos   (F11)

184. El Tasador A reemplaza todos los paneles dañados del vehículo. El Tasador B reemplaza solamente los paneles cuyo coste de reparación supera al de sustitución. ¿Quién tiene razón?
    A. Sólo A
    B. Sólo B
    C. Los dos
    D. Ninguno de los dos   (A3)

185. El Tasador A afirma que los vehículos monoestructurales pueden tener daños a causa del vaivén lateral. El Tasador B afirma que los vehículos de bastidor total pueden tener daños a causa del vaivén lateral. ¿Quién tiene razón?
    A. Sólo A
    B. Sólo B
    C. Los dos
    D. Ninguno de los dos   (D2)

186. El Tasador A afirma que cuando un cliente está enfadado, se debe intentar averiguar la causa de su descontento. El Tasador B afirma que, si el cliente está descontento, siempre se debe intentar llegar a una solución razonable para el problema. ¿Quién tiene razón?
    A. Sólo A
    B. Sólo B
    C. Los dos
    D. Ninguno de los dos   (G5)

187. El Tasador A afirma que siempre se deben revisar las decisiones de reparar componentes frente a su sustitución y de utilizar el mercado independiente frente a OEM con el perito. El Tasador B afirma que siempre se deben revisar los cargos de mejora, los daños directos e indirectos y los daños previos con el perito. ¿Quién tiene razón?
    A. Sólo A
    B. Sólo B
    C. Los dos
    D. Ninguno de los dos   (G12)

188. Todas las siguientes piezas suelen reconstruirse, **EXCEPTO:**
    A. guardabarros.
    B. ruedas.
    C. parachoques.
    D. alternadores.   (F14)

189. Un vehículo ha tenido una colisión trasera y no arranca. El Tasador A afirma que puede deberse al cableado de la bomba de combustible del depósito. El Tasador B afirma que el conmutador de inercia puede causar la situación de falta de arranque. ¿Quién tiene razón?
    A. Sólo A
    B. Sólo B
    C. Los dos
    D. Ninguno de los dos   (E1.2)

190. ¿Qué se debe tener en cuenta a la hora de determinar si se debe reparar o reemplazar un panel dañado?
    A. Su ubicación en el vehículo
    B. El coste de la reparación
    C. El color de la pieza
    D. La composición de la pieza   (A3)

191. Una camioneta tiene aletas del guardabarros del mercado independiente. Una de las aletas está dañada. El Tasador A afirma que el tiempo de mano de obra correspondiente a la reparación de la aleta está incluido en la guía de cálculo de colisiones. El Tasador B afirma que el precio de la aleta está incluido en la guía de cálculo de colisiones. ¿Quién tiene razón?
    A. Sólo A
    B. Sólo B
    C. Los dos
    D. Ninguno de los dos   (A15)

192. El Tasador A afirma que las guías de cálculo de colisiones incluyen las piezas OEM. El Tasador B afirma que algunas de las piezas OEM incluidas en la guía pueden no estar disponibles. ¿Quién tiene razón?
    A. Sólo A
    B. Sólo B
    C. Los dos
    D. Ninguno de los dos   (B12)

193. Los clientes aceptarán un plazo de reparación que perciben como demasiado largo si usted:
    A. demuestra que conoce los procesos de la reclamación del seguro.
    B. explica todos los pasos de las reparaciones necesarias.
    C. ofrece un plazo de reparación más breve de lo esperado.
    D. promete llamarlos si necesita más tiempo.   (G11)

194. El Tasador A afirma que se debe confirmar la disponibilidad de las piezas reconstruidas. El Tasador B afirma que los alternadores se encuentran disponibles como piezas reconstruidas. ¿Quién tiene razón?
    A. Sólo A
    B. Sólo B
    C. Los dos
    D. Ninguno de los dos   (B15)

195. El Tasador A utiliza una guía de cálculo de colisiones para determinar los números de pieza. El Tasador B utiliza una guía de cálculo de colisiones para determinar la ubicación de las piezas. ¿Quién tiene razón?
    A. Sólo A
    B. Sólo B
    C. Los dos
    D. Ninguno de los dos   (A10)

196. Para calcular el tiempo de aplicación de la capa transparente, se multiplican las horas de acabado por 0,4. ¿Cuántas horas requeriría la aplicación de la capa transparente de un panel que requiere 2,5 horas de acabado?
    A. 0,5
    B. 1,0
    C. 1,5
    D. 2,0   (B24)

197. El Tasador A afirma que una actitud positiva indica entusiasmo por el trabajo. El Tasador B afirma que una actitud positiva indica capacidad para realizar el trabajo. ¿Quién tiene razón?
    A. Sólo A
    B. Sólo B
    C. Los dos
    D. Ninguno de los dos   (G8)

198. El Tasador A afirma que la asignación de mano de obra depende del año del vehículo. El Tasador B afirma que la asignación de mano de obra depende de las opciones del vehículo. ¿Quién tiene razón?
    A. Sólo A
    B. Sólo B
    C. Los dos
    D. Ninguno de los dos   (B11)

199. El Tasador A afirma que un conector del aire acondicionado dañado puede causar una avería del sistema. El Tasador B afirma que el evaporador elimina la humedad del sistema de aire acondicionado. ¿Quién tiene razón?
    A. Sólo A
    B. Sólo B
    C. Los dos
    D. Ninguno de los dos   (E4.2)

200. Todos los factores siguientes pueden causar una situación de falta de arranque, **EXCEPTO:**
    A. Cableado cortado de la bomba eléctrica de combustible
    B. Conmutador de inercia
    C. Cableado cortado del sensor de detonación
    D. Sensor de combustible y chispa desconectados   (E1.2)

201. Todas las siguientes piezas se encuentran disponibles como piezas del mercado independiente, **EXCEPTO:**
    A. Alternador
    B. Módulo de la bolsa de aire
    C. Brazo intermedio
    D. Guardabarros   (F5)

202. El Tasador A afirma que el uso de piezas del mercado independiente permite que se reemplacen más piezas en lugar de repararlas. El Tasador B afirma que las piezas del mercado independiente cuestan lo mismo que las piezas OEM. ¿Quién tiene razón?
    A. Sólo A
    B. Sólo B
    C. Los dos
    D. Ninguno de los dos   (F7)

203. El Tasador A afirma que es importante escuchar las preocupaciones y necesidades del cliente para generar confianza en el taller. El Tasador B afirma que es importante escuchar las preocupaciones y necesidades del cliente para determinar los daños previos e indirectos. ¿Quién tiene razón?
    A. Sólo A
    B. Sólo B
    C. Los dos
    D. Ninguno de los dos   (G2)

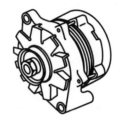

204. La pieza de la ilustración anterior es:
    A. el arranque.
    B. un compresor.
    C. un alternador.
    D. una bomba de la dirección asistida.   (F13)

205. ¿Cuál es el aspecto más importante que se debe tener en cuenta cuando está retorcida una pieza estructural?
    A. Pérdida de fuerza
    B. Pérdida de peso
    C. Pérdida de pintura
    D. Cambio de dimensiones   (A7)

206. Las notas de cabecera de página incluyen todos los datos siguientes, **EXCEPTO:**
    A. Tiempo de acabado
    B. Tiempo de opinión
    C. Tiempo de R&I
    D. Tiempo de revisión general   (B9)

207. Pueden negociarse todos los siguientes aspectos, **EXCEPTO:**
    A. La garantía
    B. Las piezas del mercado independiente
    C. La mejora
    D. El tiempo de daños del bastidor   (G12)

208. Deberá reemplazarse el cinturón de seguridad si tiene cualquiera de los siguientes daños, **EXCEPTO:**
    A. Correa del cinturón cortada
    B. Correa del cinturón arqueada
    C. Manchas
    D. Hebras rotas   (E6.3)

209. El Tasador A afirma que se pueden volver a embalar las bolsas de aire desplegadas. El Tasador B afirma que se deben reemplazar todos los sensores de impacto tras el despliegue. ¿Quién tiene razón?
   A. Sólo A
   B. Sólo B
   C. Los dos
   D. Ninguno de los dos   (E6.3)

210. ¿Qué tipo de bastidor es el más resistente?
   A. Bastidor total
   B. Monoestructural
   C. Estructura espacial
   D. Bastidor unitario   (D2)

Apéndices

Respuestas a las Preguntas de Examen para el Examen de Prueba Sección 5

1.	C	28.	C	55.	C	82.	C
2.	A	29.	A	56.	C	83.	C
3.	D	30.	B	57.	A	84.	C
4.	C	31.	C	58.	C	85.	B
5.	A	32.	A	59.	B	86.	C
6.	A	33.	C	60.	B	87.	C
7.	B	34.	D	61.	A	88.	A
8.	C	35.	B	62.	D	89.	B
9.	A	36.	C	63.	C	90.	C
10.	A	37.	B	64.	D	91.	C
11.	B	38.	A	65.	C	92.	B
12.	A	39.	B	66.	C	93.	D
13.	C	40.	C	67.	C	94.	C
14.	D	41.	B	68.	A	95.	A
15.	C	42.	A	69.	A	96.	C
16.	C	43.	C	70.	B	97.	A
17.	A	44.	C	71.	C	98.	C
18.	C	45.	B	72.	A	99.	D
19.	A	46.	A	73.	C	100.	B
20.	D	47.	D	74.	C	101.	C
21.	B	48.	A	75.	C	102.	C
22.	D	49.	C	76.	C	103.	D
23.	C	50.	D	77.	A	104.	C
24.	C	51.	A	78.	C	105.	B
25.	A	52.	D	79.	C		
26.	B	53.	D	80.	C		
27.	A	54.	B	81.	C		

Explicaciones a las Respuestas para el Examen de Prueba Sección 5

1. La sustitución del guardabarros se lleva a cabo en el taller de carrocería. Muchos talleres de carrocería no realizan trabajos mecánicos, como reparaciones del aire acondicionado y de las bolsas de aire, sino que los subcontratan a un taller mecánico. Además, muchos de los talleres de carrocería no disponen de un servicio de siniestros, por lo que el remolque se subcontrata a otro taller. **La respuesta C es correcta.**

2. La sustitución parcial de un panel en lugar de utilizar las uniones de fábrica se denomina reposición de secciones. **La respuesta A es correcta.**

3. El tiempo de acabado se incluye en la guía de cálculo y, por lo tanto, no se trata de tiempo de opinión. El tiempo de opinión debe de calcularlo el tasador en función de su experiencia, como por ejemplo, del tiempo que suele ser necesario para reparar una abolladura. Los tiempos de opinión no se incluyen en la guía de cálculo. **La respuesta D es correcta.** Ninguno de los tasadores tiene razón.

4. Siempre es importante explicar los cargos del presupuesto y de mejora al cliente antes de iniciar la reparación del vehículo. De este modo, se evitan malentendidos acerca de quién realizará el pago de cada cargo y de las reparaciones específicas que se van a llevar a cabo en el vehículo. También resulta necesario informar al cliente acerca de las piezas del mercado independiente que se van a utilizar en el vehículo antes de iniciar la reparación. En algunas zonas, se trata de un requisito legal. **La respuesta C es correcta.** Los dos tasadores tienen razón.

5. La suciedad, la sal o los restos de la carretera en la superficie del coche pueden dificultar en gran medida el análisis del estado de la pintura del vehículo. Se deben limpiar estos contaminantes antes de inspeccionar el vehículo para obtener una indicación precisa de los métodos de reparación necesarios. La cera no dificulta el proceso de inspección. **La respuesta A es correcta.**

6. Los parachoques suelen encontrarse disponibles como piezas que se han vuelto a acondicionar. Suelen costar menos que las piezas nuevas. Las piezas de metal laminado, como los guardabarros, no se encuentran disponibles como piezas acondicionadas de nuevo. En ocasiones, pueden encontrarse disponibles en el mercado independiente, pero son nuevas. **La respuesta A es correcta.**

7. La mayoría de los clientes están interesados en el proceso de reparación. Desean saber lo que le va a suceder al vehículo. Si explica al cliente el proceso de reparación y las tareas que se van a llevar a cabo, éste será menos reticente a la hora de dejar el vehículo en el taller. También lo ayudará a entender el tiempo requerido para llevar a cabo correctamente la reparación del vehículo. **La respuesta B es correcta.** El Tasador B tiene razón.

8. Puede resultar necesario utilizar un manual de reparación de vehículos a la hora de evaluar los daños de la suspensión. Deberá saber si los tornillos son de un solo uso. En ese caso, debe incluirse el coste de los tornillos nuevos en el presupuesto. Al evaluar los daños eléctricos, el manual de reparación puede ayudar a aislar las posibles causas de un problema. **La respuesta C es correcta.** Los dos tasadores tienen razón.

9. Si se deja abierto el sistema de aire acondicionado durante 5 días, deberá reemplazarse el secador. El evaporador no se verá afectado por la exposición atmosférica. **La respuesta A es correcta.** El Tasador A tiene razón.

10. El primer paso en la alineación de las cuatro ruedas es la comprobación de la alineación de las ruedas traseras, incluido el ángulo de tracción. Se alinean primero las ruedas traseras y, a continuación, se alinean las ruedas delanteras con las ruedas traseras y la línea central del coche. La inclinación interior o exterior de la parte superior de la rueda cuando se visualiza desde la parte delantera del vehículo se denomina inclinación. La convergencia es la diferencia de distancia existente entre la parte delantera y la trasera de las ruedas traseras. **La respuesta A es correcta.** El Tasador A tiene razón.

11. Resulta difícil evaluar un vehículo en una zona desordenada y llena de cosas. Impide el acceso a todas las zonas en las que se necesitan comprobar los daños de forma precisa. **La respuesta B es correcta.** El Tasador B tiene razón.

12. El taller deberá explicar al cliente las reparaciones que se llevaron a cabo en el vehículo, incluidos los elementos de seguridad. La compañía aseguradora no es la responsable de esta tarea. **La respuesta A es correcta.** El Tasador A tiene razón.

13. La grapa delantera incluye toda la sección delantera del vehículo, desde el suelo situado bajo el asiento del conductor hasta el extremo delantero. Incluye el metal laminado cosmético, como los capós y los guardabarros. También incluye la estructura interna, como el soporte del radiador, el conjunto de luces y el conjunto del parachoques. **La respuesta C es correcta.** Los dos tasadores tienen razón.

14. El sistema de bolsa de aire incluye los módulos de bolsa de aire del conductor y del pasajero, los módulos de bolsas de aire laterales, los sensores de impactos, el muelle del reloj y el módulo de control. No incluye el motor y el riel. Éstos forman parte del sistema de cinturones de seguridad automáticos. **La respuesta D es correcta.**

15. Los presupuestos manuales suelen incluir el precio y los números de pieza y las asignaciones de mano de obra. No incluyen las dimensiones del bastidor. **La respuesta C es correcta.**

16. Si una pieza reconstruida no funciona igual que la pieza OEM, no se deberá utilizar. Tampoco se deberá utilizar si afecta a la calidad de la reparación. **La respuesta C es correcta.** Los dos tasadores tienen razón.

17. Si la pintura del vehículo estaba desgastada antes de la colisión, algunas compañías aseguradoras deducirán la mejora. De este modo, el estado del vehículo habrá mejorado tras la reparación porque la pintura ya no está desgastada. La mejora puede aplicarse a muchos aspectos distintos de un vehículo. La mejora se aplica cuando la reparación mejora el estado del vehículo en comparación con el estado anterior al accidente. **La respuesta A es correcta.** El Tasador A tiene razón.

18. Los vehículos modificados suelen requerir mano de obra adicional para la reparación. Puede resultar necesario desmontar más piezas de lo habitual para obtener acceso a otras piezas. Deberán incluirse los accesorios en el presupuesto. Podría afectar a la solicitud de piezas. **La respuesta C es correcta.** Los dos tasadores tienen razón.

19. Si el taller explica al cliente el proceso de reclamación, se fomenta la relacón entre el taller y el cliente. La compañía aseguradora también puede ocuparse de explicar el proceso. Sirve de confirmación a la explicación del taller y ayuda al cliente a entender los pasos que debe seguir. **La respuesta A es correcta.** El Tasador A tiene razón.

20. El salpicadero, los asientos y el maletero se consideran zonas internas. El guardabarros está situado en la parte externa del vehículo. **La respuesta D es correcta.**

21. El sistema de suspensión no funcionará correctamente si alguno de los componentes está doblado. Las piezas dobladas de la suspensión no se reparan, sino que deben reemplazarse. Si un soporte está doblado, debe reemplazarse. **La respuesta B es correcta.** El Tasador B tiene razón.

22. A la hora de determinar si el vehículo es una pérdida total, se tienen en cuenta el valor de recuperación, el valor de venta al público y el coste de la reparación. No se tiene en cuenta la edad del vehículo. **La respuesta D es correcta.**

23. Los conjuntos se componen de varias piezas. Las estructuras son piezas independientes. Los componentes son piezas independientes que pueden formar parte de un conjunto. **La respuesta C es correcta.**

24. Tanto las placas de circulación como las luces antiniebla se consideran accesorios. **La respuesta C es correcta.** Los dos tasadores tienen razón.

25. La deducción de mano de obra correspondiente a la sustitución de paneles con una junta en común se denomina solapa. **La respuesta A es correcta.**

26. EPA significa Agencia de Protección del Medio Ambiente (Environmental Protection Agency). **La respuesta B es correcta.**

27. Siempre se debe informar al cliente acerca de las reparaciones que se van a realizar en el vehículo. Es importante explicar los paneles que se van a reemplazar y los que se van a reparar. El cliente deberá estar de acuerdo con el proceso de reparación. **La respuesta A es correcta.** El Tasador A tiene razón.

28. Las guías de cálculo de colisiones incluyen los números y los precios de las piezas OEM. No incluyen ni los números ni los precios de las piezas del mercado independiente. La única excepción es el cristal NAGS. **La respuesta C es correcta.** Los dos tasadores tienen razón.

29. Los fijadores de aplicación de par secuencial y medida sólo se pueden utilizar una vez. Cuando se utilizan la primera vez, dan de sí al ajustarse. Al retirarlos, no recuperan su longitud original. Si se vuelven a utilizar, darán todavía más de sí y aflojarán el tornillo. Pueden dar tanto de sí que no permiten obtener el valor de par adecuado. Si se aflojan, pueden caerse o no mantener el par y hacer que se afloje todo el componente. **La respuesta A es correcta.** El Tasador A tiene razón.

30. Las páginas "P" se denominan páginas de procedimientos. Describen los procedimientos de los procesos utilizados en la guía de cálculo. Contienen operaciones incluidas y no incluidas para cada tarea. **La respuesta B es correcta.**

31. Existen muchos tipos distintos de herramientas de medición para la medición estructural. Algunos sistemas son láser o informáticos, algunos son indicadores mecánicos y otros se denominan medidores autocentrantes. Las abrazaderas no son sistemas de medición. **La respuesta C es correcta.**

32. Los valores de la mano de obra se calculan en función de la marca, modelo, año, tipo de carrocería y opciones del vehículo. El color del vehículo no afecta al tiempo de mano de obra, el tipo de acabado sí. Por ejemplo, si el coche es de una etapa, los tiempos de mano de obra serán distintos que si tuviese una capa de base/capa final. **La respuesta A es correcta.**

33. El sistema eléctrico incluye las luces y la bocina, entre otros muchos elementos. **La respuesta C es correcta.** Los dos tasadores tienen razón.

34. La solapa no se incluye en las asignaciones de mano de obra. Debe restarse de los paneles adyacentes. **La respuesta D es correcta.** Ninguno de los tasadores tiene razón.

35. R&R significa retirar y reemplazar. La pieza original se reemplaza por otra pieza. No incluye la reparación de la pieza original. **La respuesta B es correcta.** El Tasador B tiene razón.

36. Todos los fabricantes de vehículos recomiendan que se reemplacen los componentes de la bolsa de aire con piezas OEM nuevas. Los guardabarros se encuentran disponibles OEM. **La respuesta C es correcta.** Los dos tasadores tienen razón.

37. El sistema de freno de disco incluye las pastillas de freno, los calibradores y los rotores. Las zapatas de freno forman parte del sistema de freno de tambor. **La respuesta B es correcta.**

38. Para determinar el coste de los materiales de acabado, se suelen multiplicar las horas de acabado por una cantidad de dinero fija. El tiempo de mano de obra de la carrocería no se utiliza para calcular el coste de los materiales de acabado. **La respuesta A es correcta.** El Tasador A tiene razón.

39. El tratar a los clientes con respeto es una parte fundamental del negocio. Si el cliente está enfadado, hay que intentar buscar una solución al problema lo antes posible. **La respuesta B es correcta.** El Tasador B tiene razón.

40. Al elaborar un presupuesto, debe obtenerse el nombre, el domicilio, y los números de teléfono del domicilio y del trabajo del cliente. La dirección del trabajo no es importante. **La respuesta C es correcta.**

41. Los componentes eléctricos averiados suelen reemplazarse en el taller de carrocería. No se reconstruyen en el taller de carrocería y tampoco suelen reconstruirse en los talleres mecánicos. **La respuesta B es correcta.** El Tasador B tiene razón.

42. La protección contra la corrosión deberá aplicarse al forro exterior de acero de las puertas, a los paneles traseros cortados y a los rieles cortados. RRIM es un material plástico y no requiere protección contra la corrosión. **La respuesta A es correcta.**

43. PCM significa módulo de control del tren transmisor de potencia (Power Train Control Module). Los PCM se encuentran ubicados en el compartimento del motor o en el interior del vehículo. Los

botes del vapor suelen encontrarse ubicados en el compartimento del motor, aunque también pueden estar cerca del tanque de combustible. **La respuesta C es correcta.** Los dos tasadores tienen razón.

44. Es importante agradecer al cliente que haya trabajado con usted. Las llamadas de seguimiento también ayudan a fomentar relaciones duraderas con los clientes. **La respuesta C es correcta.** Los dos tasadores tienen razón.

45. Conviene ponerse en contacto con el cliente para informarle acerca del estado de la reparación del vehículo. Así se les permite participar en el proceso de reparación. La colaboración con el cliente puede ayudar a localizar daños ocultos, puesto que le permite conocer todos los detalles del accidente. **La respuesta B es correcta.** El Tasador B tiene razón.

46. R&R significa retirar y reemplazar. **La respuesta A es correcta.**

47. Si se despliega una bolsa de aire, debe reemplazarse. Las bolsas de aire no se pueden volver a embalar. **La respuesta D es correcta.** Ninguno de los tasadores tiene razón.

48. La pieza de la ilustración es el panel trasero izquierdo. **La respuesta A es correcta.**

49. El núcleo calefactor, las mangueras del calefactor y los controles forman todos parte del sistema de calefacción. El evaporador forma parte del sistema de aire acondicionado. **La respuesta C es correcta.**

50. El acero de resistencia superior no se puede reparar. Si se dobla el acero de alta resistencia, puede repararse. Si está retorcido, deberá reemplazarse. **La respuesta D es correcta.** Ninguno de los tasadores tiene razón.

51. Las calcomanías se incluyen como componentes independientes. Los disolventes, los fijadores y la protección contra la corrosión se incluyen como materiales adicionales. **La respuesta A es correcta.**

52. El acabado del vehículo puede consistir en una etapa, capa de base/capa final o tres capas. El acabado de la pintura nunca puede consistir solamente en la capa de base. **La respuesta D es correcta.**

53. El cliente constituye la mejor fuente de información acerca del accidente. Ni la compañía aseguradora ni la policía estuvieron presentes. **La respuesta D es correcta.** Ninguno de los tasadores tiene razón.

54. Los daños directos se producen en el punto de impacto. Los arañazos, grietas y boquetes del punto de impacto son ejemplos de daños directos. Los daños indirectos se producen en el resto del vehículo, en las partes alejadas del punto de impacto. **La respuesta B es correcta.** El Tasador B tiene razón.

55. El tipo de construcción de bastidor total consiste en un bastidor independiente de la carrocería. La carrocería está atornillada al bastidor. Los vehículos monoestructurales se componen de piezas de metal laminado soldadas que forman una estructura. La carrocería forma parte del tipo monoestructural. Los paneles traseros y el techo forman parte de la estructura y son necesarios para conseguir la resistencia a colisiones. Los vehículos de estructura espacial son similares a los monoestructurales, pero no requieren de los paneles cosméticos exteriores para la resistencia a las colisiones. Los paneles cosméticos pueden ser de plástico y estar sujetos con fijadores o adhesivos. **La respuesta C es correcta.**

56. Si se muestra una actitud cooperativa, el cliente sabrá que está tratando con un profesional. Ayuda a fomentar una relación de confianza con el cliente y a mejorar su satisfacción. **La respuesta C es correcta.**

57. Si se sigue la secuencia de la guía de cálculo, el presupuesto estará mejor organizado y evitará olvidarse de incluir elementos en el presupuesto. Las piezas del motor que se suelen dañar se incluyen en la guía de cálculo. **La respuesta A es correcta.** El Tasador A tiene razón.

58. Algunas empresas de desguace utilizan un sistema informático para realizar un seguimiento del inventario. Si no tienen la pieza que busca, pueden comprobar en el computador si se encuentra disponible en otras empresas de desguace. **La respuesta C es correcta.** Los dos tasadores tienen razón.

59. Las piezas de pedidos pendientes siguen estando disponibles, pero, en este momento, no están en existencias por medio de los canales ordinarios. Las piezas que ya no se fabrican han dejado de estar disponibles. El OEM ha dejado de fabricarlas. **La respuesta B es correcta.** El Tasador B tiene razón.

60. Las piezas estructurales retorcidas deben reemplazarse. Si se reparan, es posible que no reaccionen del mismo modo en colisiones futuras. Dependiendo del vehículo, algunos fabricantes de vehículos tienen procedimientos de reparación de secciones para algunas piezas estructurales. **La respuesta B es correcta.** El Tasador B tiene razón.

61. Deberán comprobarse siempre los cinturones de seguridad tras una colisión. Si están dañados, deben reemplazarse. Nunca se deben reparar los cinturones de seguridad. **La respuesta A es correcta.** El Tasador A tiene razón.

62. La pieza de la ilustración es el tensor central. **La respuesta D es correcta.**

63. Una recepción calurosa constituye el primer paso para fomentar una relación duradera con el cliente. Ayuda a crear una impresión de atención y confianza. Se hace saber al cliente que usted se preocupa por él y por su vehículo. **La respuesta C es correcta.** Los dos tasadores tienen razón.

64. Las guías de cálculo de colisiones no incluyen ni los precios de los accesorios ni los tiempos de mano de obra. **La respuesta D es correcta.** Ninguno de los tasadores tiene razón.

65. Los formularios de presupuestos manuales suelen incluir columnas para especificar si se van a reemplazar o a reparar los componentes. De este modo, se ahorra tiempo al no tener que escribir si se va a reparar o a reemplazar el componente en cada línea. **La respuesta C es correcta.** Los dos tasadores tienen razón.

66. Si se subcontrata el trabajo a otro taller, el taller de carrocería que subcontrata el trabajo sigue siendo responsable del trabajo del otro taller. El taller de carrocería tiene siempre la responsabilidad. Si el trabajo del taller de subcontratación es de calidad inferior, el taller de carrocería se considera como contratista general y será responsable del trabajo de calidad inferior. Si el taller de subcontratación ofrece una garantía del trabajo realizado, el cliente deberá recibir la garantía original y el taller de carrocería deberá quedarse con una copia de la documentación de la garantía. **La respuesta C es correcta.** Los dos tasadores tienen razón.

67. Los daños previos son aquellos que ya estaban presentes en el vehículo antes de que se produjese el accidente. Pueden incluir corrosión, abolladuras, arañazos, problemas de correspondencia del color o reparaciones anteriores incorrectas. **La respuesta C es correcta.** Los dos tasadores tienen razón.

68. El taller deberá realizar todas las reparaciones de acuerdo con el presupuesto. Si se producen cambios en el proceso de reparación, deberá aprobarlos el cliente. Si se incluyen reparaciones en el presupuesto y no se llevan a cabo, podría constituir fraude. Muchos de los talleres ofrecen una garantía de reparación, pero no todos. **La respuesta A es correcta.** El Tasador A tiene razón.

69. Cuando el vehículo tiene un accidente, la tasa de desaceleración es muy alta. En esta situación, se cierran los sensores de impactos y se despliegan las bolsas de aire. Si el vehículo no desacelera lo suficientemente rápido, no se despliegan las bolsas de aire. Si está encendida la luz de la bolsa de aire, significa que el computador ha encontrado una avería en el sistema. Es posible que la bolsa de aire todavía funcione correctamente. Esto último depende del tipo de problema. La luz encendida indica que existe un problema en alguna parte del sistema. **La respuesta A es correcta.** El Tasador A tiene razón.

70. Las piezas no OEM se denominan piezas del mercado independiente. **La respuesta B es correcta.**

71. La primera impresión que obtiene el cliente del taller es el aspecto y la limpieza de la zona de recepción. La segunda impresión es el aspecto del recepcionista y del tasador. Si su aspecto y su modo de actuar son profesionales, el cliente será menos reticente a la hora de dejar el vehículo en el taller. Proyecte una actitud positiva al hablar con el cliente. Lo ayudará a ganarse su confianza. **La respuesta C es correcta.** Los dos tasadores tienen razón.

72. Los bancos, las cremalleras y el sistema de sujeción al suelo son ejemplos de equipos de reparación de bastidores. Los martillos deslizantes no se incluyen dentro de los equipos de reparación de bastidores. **La respuesta A es correcta.**

73. La función del condensador es la de transformar el refrigerante de gas a líquido. A medida que se condensa, el refrigerante libera calor al exterior. **La respuesta C es correcta.**

74. Puede consultar catálogos para comprobar si se encuentran disponibles las piezas reconstruidas. También deberá llamar a la empresa para verificar su disponibilidad. Es posible que no puedan conseguir la pieza en un plazo razonable de tiempo o que ya no se fabrique. Puede que el catálogo no esté actualizado y la pieza ya no se encuentre disponible. **La respuesta C es correcta.** Los dos tasadores tienen razón.

75. Las decisiones de reemplazar los paneles se basan en la gravedad de los daños, la ubicación de los daños, el coste de la reparación frente al coste de la sustitución, experiencia del técnico y duración esperada de la reparación. **La respuesta C es correcta.** Los dos tasadores tienen razón.

76. Las piezas usadas suelen utilizarse en los vehículos antiguos. En los vehículos nuevos, suelen utilizarse piezas nuevas en lugar de piezas usadas. La decisión de utilizar o no piezas usadas depende normalmente de la edad del vehículo. **La respuesta C es correcta.** Los dos tasadores tienen razón.

77. Deberán revisarse los procedimientos de la reparación con el perito y el cliente para que todos estén de acuerdo acerca de cómo se va a reparar el vehículo. **La respuesta A es correcta.** El Tasador A tiene razón.

78. Las piezas de plástico del vehículo pueden ser flexibles o rígidas. Muchos vehículos tienen ambos tipos de piezas. **La respuesta C es correcta.** Los dos tasadores tienen razón.

79. Deberá devolverse el vehículo al estado original anterior a la pérdida. Incluye la restauración de las dimensiones estructurales, la protección contra la corrosión, la correspondencia del color, la resistencia ante colisiones, la conducción, todos los elementos de seguridad y la durabilidad de la pintura. **La respuesta C es correcta.** Los dos tasadores tienen razón.

80. Las piezas del mercado independiente suelen ser más económicas que las piezas OEM. No obstante, antes de utilizar piezas del mercado independiente, deberá asegurarse de que estas piezas devuelvan el vehículo al estado original anterior a la pérdida. **La respuesta C es correcta.** Los dos tasadores tienen razón.

81. Las dobleces leves de la placa de montaje pueden repararse. Si existen fugas o la tubería está doblada o rota, deberá reemplazarse el amortiguador. Si el amortiguador no recupera su tamaño original, deberá reemplazarse. **La respuesta C es correcta.**

82. El alternador convierte la energía mecánica en energía eléctrica. A medida que la correa de transmisión hace girar el alternador, se crea voltaje de CA (corriente alterna) Los diodos del alternador convierten el voltaje de CA en voltaje de CD (corriente directa). **La respuesta C es correcta.** Los dos tasadores tienen razón.

83. Es improbable que la unidad de control hidráulico sea la causa del problema. La luz roja de freno indica la existencia de un problema del sistema de frenos de base y no del sistema ABS. La lámpara ámbar de ABS indica un problema del ABS. El taller deberá comprobar si el sistema tiene problemas del sistema de frenos de base, como por ejemplo, una fuga del conducto del freno. Resultaría lógico comprobarlo en el punto donde la unidad de control hidráulico se une a los conductos del freno, puesto que se reemplazó esa pieza. **La respuesta C es correcta.** Los dos tasadores tienen razón.

84. Las horas totales de mano de obra de este presupuesto serían 4,0 + 2,5 + 1,0 = 7,5 horas. **La respuesta C es correcta.**

85. Las páginas "P" no incluyen los tiempos de acabado de vehículos. Contienen las operaciones incluidas y no incluidas de las tareas y los métodos de cálculo de la solapa, la aplicación de la capa transparente, de dos tonos y de tres capas. Los tiempos de acabado de cada componente se incluyen en las notas de cabecera correspondientes a la sección del vehículo. **La respuesta B es correcta.** El Tasador B tiene razón.

86. Entre los materiales de reparación de la carrocería, figuran los materiales necesarios para llevar a cabo la reparación de la carrocería y de la estructura del vehículo, como los suministros de soldado, los discos de la esmeriladora, el relleno de carrocería y el papel de lija para aplicar el relleno de la carrocería. Entre los materiales de acabado, figuran los materiales utilizados durante el acabado de la reparación, como la pintura, el transparente, la base, el compuesto de pulir, el papel de lija, la cinta de enmascarar y el papel de enmascarar. **La respuesta C es correcta.** Los dos tasadores tienen razón.

87. El lado derecho e izquierdo del vehículo se determina en posición sentada desde el asiento del conductor. En esta posición, el lado izquierdo del vehículo se encuentra a la izquierda. **La respuesta C es correcta.** Los dos tasadores tienen razón.

88. Los vehículos monoestructurales no suelen tener problemas de deformaciones debido al tipo de construcción. Si un vehículo monoestructural tuviese un problema de deformación, la magnitud de los daños sería tal que no se repararía el vehículo. En los vehículos monoestructurales, los daños dentro de especificación de fábrica, los pandeos y los vaivenes pueden repararse. **La respuesta A es correcta.**

89. Las piezas usadas suelen ser más baratas que las piezas nuevas OEM. Una de las ventajas de utilizar piezas usadas radica en que se suelen adquirir como un conjunto. De este modo, es posible ahorrar tiempo a la hora de reemplazar piezas pequeñas de un conjunto. La desventaja de utilizar piezas usadas radica en que pueden tener daños de colisiones, corrosión o reparaciones anteriores. **La respuesta B es correcta.** El Tasador B tiene razón.

90. Las piezas reconstruidas se ajustan igual que las piezas OEM porque, en un momento determinado, fueron piezas nuevas OEM. Tras su reconstrucción, estas piezas quedan como nuevas. Algunas piezas reconstruidas incluyen una garantía que se deberá entregar al cliente. **La respuesta C es correcta.** Los dos tasadores tienen razón.

91. Algunas piezas del mercado independiente no vienen con todos los agujeros taladrados. Deberá realizarse este proceso antes de instalarlas en el vehículo. Antes de utilizar piezas del mercado independiente, compruebe que su funcionamiento sea idéntico al de las piezas nuevas OEM. **La respuesta C es correcta.** Los dos tasadores tienen razón.

92. La cubierta del parachoques no es un conjunto. Se trata de un solo componente. Tanto la grapa trasera como la grapa trasera superior y la grapa delantera son conjuntos. **La respuesta B es correcta.**

93. Los medidores autocentrantes sirven para medir la altura y la línea central. Los medidores de referencia sirven para medir la longitud y la diagonal. También sirven para medir el ancho. Los medidores de referencia no pueden medir ni la altura ni la línea central por sí solos. Se necesita una referencia para realizar la medición. **La respuesta D es correcta.** Ninguno de los tasadores tiene razón.

94. El sensor de la ilustración es un sensor de posición del cigüeñal. Este sensor sirve para desencadenar la chispa que hace que funcione el motor. Si se desconecta el sensor, podría producirse una falta de chispa/combustible. Si no arranca inmediatamente el motor, se apaga la bomba de combustible. El sensor de detonación detecta que se ha picado el motor por la detonación. Se modificará el ritmo para solucionar el problema. El sensor de detonación no produce ningún efecto hasta que se enciende el motor. **La respuesta C es correcta.** Los dos tasadores tienen razón.

95. Al evaluar la calidad de una reparación, la rapidez, el coste y la ubicación no tienen importancia. No reflejan la calidad de la reparación. La integridad de la reparación sí refleja la calidad. **La respuesta A es correcta.**

96. El aluminio puede soldarse con un soldador MIG o TIG. Algunos fabricantes de vehículos no recomiendan soldar algunas piezas de aluminio, por lo que se deberá consultar el manual antes de realizar el soldado. **La respuesta C es correcta.** Los dos tasadores tienen razón.

97. Las piezas del mercado independiente incluidas en un catálogo pueden no encontrarse disponibles a la hora de realizar el pedido. Es posible que algunas ya no se fabriquen y que todavía figuren en el catálogo. El distribuidor OEM no vende piezas del mercado independiente y no sabrá si se encuentran disponibles. **La respuesta A es correcta.** El Tasador A tiene razón.

98. Al identificarse a sí mismo durante el primer contacto telefónico, el cliente sabrá con quién habla y podrá hablar con la misma persona la próxima vez que llame. Este método proporciona una imagen profesional tanto a usted como al taller. Al informar al cliente de que puede llamarle si le surge alguna duda o consulta, indica que desea ayudarle y que se preocupa acerca de su situación. De este modo, se empieza a establecer una relación de confianza entre usted y el cliente. **La respuesta C es correcta.** Los dos tasadores tienen razón.

99. Las puertas con daños que requieren dos horas de trabajo se reparan. La reparación de la puerta en lugar de la sustitución del panel o del forro causará menos daños en las soldaduras de fábrica, la protección contra la corrosión, el cableado y los aspectos mecánicos de la puerta. También resulta más económico reparar la puerta que reemplazarla parcial o totalmente. **La respuesta D es correcta.** Ninguno de los tasadores tiene razón.

100. El hecho de que esté doblada la placa de apoyo no implica que estén dañadas las zapatas de freno. Deberán inspeccionarse para comprobar si están dañadas y reemplazarse en caso necesario. Puesto que, al reemplazar la placa de apoyo, tendrá que desmontar las piezas del freno y abrir el conducto del freno, será necesario realizar el purgado. Deberá incluirse una asignación en el presupuesto para cubrir el purgado de los frenos. **La respuesta B es correcta.** El Tasador B tiene razón.

101. VIN significa número de identificación del vehículo. **La respuesta C es correcta.**

102. Las piezas estructurales sostienen el peso del vehículo y absorben el impacto de las colisiones. Algunas piezas estructurales son de acero de alta resistencia con este fin. El diseño de las piezas hace que absorban la energía de la colisión en determinados puntos durante la colisión. **La respuesta C es correcta.** Los dos tasadores tienen razón.

103. Los tornillos métricos tienen un número en la cabeza para indicar el grado del tornillo. Los tornillos estándar tienen puntos o líneas para indicar el grado del tornillo. **La respuesta D es correcta.**

104. Un cable de vacío desconectado puede causar un gran ralentí o un ralentí irregular. Depende del tipo de vehículo y del lugar en que se haya producido la fuga de vacío. **La respuesta C es correcta.** Los dos tasadores tienen razón.

105. La pieza de la ilustración es una cubierta del parachoques. **La respuesta B es correcta.**

Respuestas para las Preguntas Adicionales de Exámenes Sección 6

1.	D	39.	D	77.	C	115.	C
2.	B	40.	B	78.	C	116.	C
3.	A	41.	D	79.	C	117.	C
4.	C	42.	A	80.	A	118.	C
5.	C	43.	D	81.	A	119.	A
6.	B	44.	C	82.	A	120.	D
7.	C	45.	C	83.	C	121.	C
8	B	46.	B	84.	B	122.	D
9.	C	47.	C	85.	C	123.	B
10.	A	48.	C	86.	C	124.	B
11.	A	49.	A	87.	C	125.	C
12.	B	50.	C	88.	C	126.	D
13.	C	51.	D	89.	C	127.	D
14.	C	52.	A	90.	C	128.	C
15.	C	53.	C	91.	A	129.	C
16.	A	54.	C	92.	B	130.	C
17.	C	55.	D	93.	A	131.	B
18.	D	56.	A	94.	A	132.	D
19.	B	57.	D	95.	D	133.	C
20.	C	58.	C	96.	C	134.	B
21.	C	59.	A	97.	C	135.	C
22.	C	60.	C	98.	C	136.	C
23.	A	61.	D	99.	D	137.	B
24.	A	62.	B	100.	B	138.	A
25.	C	63.	B	101.	A	139.	B
26.	C	64.	C	102.	C	140.	B
27.	D	65.	A	103.	A	141.	A
28.	B	66.	C	104.	A	142.	A
29.	D	67.	B	105.	D	143.	B
30.	C	68.	B	106.	A	144.	A
31.	B	69.	D	107.	D	145.	D
32.	C	70.	C	108.	C	146.	B
33.	C	71.	D	109.	A	147.	B
34.	C	72.	D	110.	C	148.	D
35.	C	73.	D	111.	C	149.	A
36.	C	74.	C	112.	B	150.	A
37.	A	75.	A	113.	C	151.	C
38.	D	76.	A	114.	C	152.	A

153.	D	168.	D	183.	A	198.	C
154.	B	169.	A	184.	B	199.	A
155.	C	170.	A	185.	C	200.	C
156.	A	171.	B	186.	C	201.	B
157.	C	172.	C	187.	C	202.	A
158.	B	173.	C	188.	A	203.	C
159.	D	174.	A	189.	C	204.	C
160.	C	175.	A	190.	B	205.	A
161.	C	176.	D	191.	D	206.	B
162.	B	177.	C	192.	C	207.	A
163.	C	178.	C	193.	B	208.	C
164.	C	179.	C	194.	C	209.	D
165.	D	180.	C	195.	C	210.	A
166.	B	181.	B	196.	B		
167.	D	182.	B	197.	C		

Explicaciones a las Respuestas para Preguntas Adicionales de Examen Sección 6

1. Si escucha atentamente al cliente, éste sabrá que está tratando con un profesional. También mejora la imagen del taller y la satisfacción de los clientes. Ayuda además a desarrollar una relación de confianza con el cliente. Los otros clientes también agradecerán que escuche con atención al cliente porque saben que, cuando les llegue el turno, recibirán el mismo trato. **La respuesta D es correcta.**

2. Los refuerzos del parachoques no se pintan. Deberá aplicarse el acabado a los guardabarros, rieles y capós. **La respuesta B es correcta.**

3. Las operaciones incluidas son aquellas que forman parte de otra operación. Evita tener que cobrar dos veces por la misma operación. La revisión general consiste en retirar un conjunto, desmontarlo, limpiarlo e inspeccionarlo, reemplazar las piezas necesarias, volver a montarlo, reinstalarlo y realizar ajustes. No incluye la reparación de componentes. **La respuesta A es correcta.** El Tasador A tiene razón.

4. Uno de los problemas de las piezas usadas radica en que pueden tener daños que es necesario reparar. Esto puede aumentar considerablemente el coste de la pieza. Entre los daños, figuran la corrosión, abolladuras, arañazos, pintura desconchada de una reparación anterior mal ejecutada o que el panel puede no estar recto a causa de una reparación anterior incorrecta. **La respuesta C es correcta.** Los dos tasadores tienen razón.

5. Para ver todos los daños de un vehículo, es posible que necesite levantarlo del suelo. Puede que sea necesario un elevador. La inspección deberá realizarse en una zona limpia, de forma que pueda obtenerse acceso a todas las partes del vehículo sin obstáculos en el taller. Cuando examine la parte inferior del vehículo, puede que necesite una lámpara portátil para ver todos los daños. Puede elaborarse un presupuesto exacto de forma manual sin que sea necesario utilizar un sistema informático de elaboración de presupuestos. **La respuesta C es correcta.**

6. La cremallera y piñón no forman parte de un sistema de dirección de paralelogramo. **La respuesta B es correcta.**

7. Los problemas de los elevalunas eléctricos pueden deberse a que esté roto el cableado o a que los interruptores o el regulador estén dañados. Todos estos problemas pueden ser consecuencia de una colisión. **La respuesta C es correcta.** Los dos tasadores tienen razón.

8. El tasador siempre debe explicar el proceso de reparación al cliente para que éste conozca las tareas que se van a realizar en el vehículo. De este modo, se mejora la relación con el cliente y éste se sentirá más a gusto con el proceso de reclamación. **La respuesta B es correcta.** El Tasador B tiene razón.

9. Es importante realizar un seguimiento tras la reparación para mantener la satisfacción del cliente. Su negocio se beneficiará en el futuro si envía a los clientes una carta para agradecerles que hayan trabajado con usted o los llama para comprobar que no haya ningún problema o simplemente para darles las gracias. **La respuesta C es correcta.** Los dos tasadores tienen razón.

10. Siempre se debe proporcionar a los clientes una recepción calurosa. El cliente ya está descontento porque acaba de tener un accidente. Si se comporta de forma agradable, evitará que aumente la frustración del cliente. **La respuesta A es correcta.** El Tasador A tiene razón.

11. El cierre manual no forma parte del sistema eléctrico. El cierre centralizado, las baterías y los faros forman parte del sistema eléctrico. **La respuesta A es correcta.**

12. La mejora se produce cuando el vehículo reparado queda en mejor estado que antes del accidente. Un ejemplo sería la sustitución de neumáticos con bandas de rodadura desgastadas por neumáticos nuevos. En este caso, el cliente paga la mejora. Es posible que el cliente tenga que pagar una parte del coste de los neumáticos nuevos. Así es como funciona la mejora. **La respuesta B es correcta.** El Tasador B tiene razón.

13. El tiempo de configuración para trabajos estructurales incluye la ubicación del vehículo en una máquina de bastidor, su anclaje y su medición. **La respuesta C es correcta.** Los dos tasadores tienen razón.

14. El hecho de que el cliente le confíe un vehículo para su reparación, demuestra que ya confía en su taller y en su capacidad para realizar una reparación de calidad. Si muestra una actitud positiva con el cliente, confirmará que se preocupa por su situación y que se esforzará al máximo en reparar el vehículo correctamente. **La respuesta C es correcta.** Los dos tasadores tienen razón.

15. El código de pintura puede afectar al coste de los materiales, puesto que puede ser de una etapa, capa de base/capa final o tres capas. Las horas de acabado suelen multiplicarse por una cantidad fija de dinero para obtener los cargos de materiales del presupuesto. **La respuesta C es correcta.** Los dos tasadores tienen razón.

16. Los botes del vapor pueden estar ubicados en el compartimento del motor, en el panel de separación o cerca del tanque de combustible. Los botes del vapor no están ubicados en la guantera. **La respuesta A es correcta.**

17. R&I significa retirar e instalar. El R&I del parabrisas significa que se retira el parabrisas y se vuelve a montar. **La respuesta C es correcta.**

18. R&I significa retirar e instalar. **La respuesta D es correcta.**

19. La recarga del sistema de aire acondicionado incluye la adición de aceite de refrigerante y de refrigerante al sistema. **La respuesta B es correcta.**

20. El tasador determina los tiempos de opinión. No figuran en ningún libro. Los paneles con daños leves suelen repararse en lugar de reemplazarse. Resulta más económico repararlos que reemplazarlos. **La respuesta C es correcta.** Los dos tasadores tienen razón.

21. Las cubiertas del parachoques reconstruidas suelen costar menos que sus equivalentes OEM. No se encuentran disponibles para todos los vehículos. Aunque figuren en un catálogo, es posible que no se encuentren disponibles. **La respuesta C es correcta.** Los dos tasadores tienen razón.

22. Las piezas intercambiables son aquellas que pueden utilizarse en varios vehículos. El conjunto del parachoques se compone de una placa, un refuerzo y amortiguadores. **La respuesta C es correcta.** Los dos tasadores tienen razón.

23. Aunque una pieza del mercado independiente figure en un catálogo, es posible que no se encuentre disponible. Algunas piezas dejan de fabricarse antes de que se actualice el catálogo. Puede que el suministro de la pieza sea insuficiente y que no se pueda obtener en un plazo de tiempo razonable. **La respuesta A es correcta.** El Tasador A tiene razón.

24. Los rieles no se encuentran disponibles en el mercado independiente. Los guardabarros, los capós y los parachoques suelen encontrarse disponibles en el mercado independiente. **La respuesta A es correcta.**

25. La reposición de secciones deberá realizarse en ubicaciones aprobadas. En ocasiones, los fabricantes de vehículos tienen recomendaciones específicas acerca del lugar de la reposición de secciones o de si conviene realizar la reposición. Se tarda menos tiempo en realizar la reposición de secciones que en realizar la sustitución utilizando las uniones de fábrica. **La respuesta C es correcta.** Los dos tasadores tienen razón.

26. A elaborar un presupuesto, se registra el tipo de carrocería para facilitar la solicitud de piezas. Se registra el código de pintura para determinar si el acabado es de una etapa, capa de base/capa final o tres capas. Esta información es necesaria a la hora de calcular el tiempo y los materiales de acabado. **La respuesta C es correcta.** Los dos tasadores tienen razón.

27. La sustitución de la luz de contorno lateral se incluye en la sustitución del guardabarros. El acabado constituye una tarea independiente. No se suele requerir el taladrado de agujeros, por lo que es necesario añadir el tiempo correspondiente. No siempre es necesario retirar el guardabarros y, por esta razón, se considera una tarea independiente. **La respuesta D es correcta.**

28. La pieza de la ilustración es el riel del bastidor inferior. **La respuesta B es correcta.**

29. Los vehículos de tracción delantera incluyen un eje de transmisión y no una transmisión. **La respuesta D es correcta.**

30. En la guía de cálculo de colisiones, los conjuntos aparecen ordenados de la parte delantera a la parte trasera del vehículo. **La respuesta C es correcta.**

31. En un vehículo de estructura espacial, los paneles exteriores de la carrocería no contribuyen a la resistencia del vehículo. Pueden estar sujetos con adhesivos, con fijadores o con ambos. **La respuesta B es correcta.** El Tasador B tiene razón.

32. El código de pintura del vehículo junto con el libro de colores permite determinar si el color es de una etapa o capa de base/capa final. Siempre se debe examinar el vehículo para comprobar si se volvió a pintar anteriormente. Esto podría afectar al proceso de acabado. El grosor de milésima podría ser demasiado grueso. **La respuesta C es correcta.** Los dos tasadores tienen razón.

33. Muchos distribuidores tienen en existencia las piezas que se suelen necesitar con más frecuencia. El distribuidor puede ofrecer información acerca de la disponibilidad de las piezas. **La respuesta C es correcta.** Los dos tasadores tienen razón.

34. La asignación de mano de obra la determinan la marca, el tipo de carrocería y el año del vehículo. **La respuesta C es correcta.** Los dos tasadores tienen razón.

35. Si se ha desplegado una bolsa de aire, debe reemplazarse. Una vez desplegada la bolsa de aire, seguirá encendida la luz de la bolsa de aire. Se debe a que el computador ha detectado un problema en el sistema. Una vez reemplazada la bolsa de aire, la luz se apaga. Puede que sea necesario borrar los códigos de avería de forma manual para que se apague la luz. **La respuesta C es correcta.** Los dos tasadores tienen razón.

36. Los componentes de acero requieren protección contra la corrosión. RRIM, SMC y uretano son tipos de plástico y no requieren ninguna protección contra la corrosión. **La respuesta C es correcta.**

37. OHSA requiere que los trabajadores estén informados acerca de los peligros del trabajo. Se denomina ley del derecho a saber. Al contrario que OHSA, la EPA no se ocupa de la salud laboral de los trabajadores. **La respuesta A es correcta.**

38. La mejora consiste en mejorar el estado del vehículo en comparación con el estado original anterior al accidente. La depreciación se produce cuando el valor del vehículo disminuye tras el accidente. **La respuesta D es correcta.**

39. Cuando se reemplaza un brazo intermedio, no se retira ninguna pieza ajustable y, por lo tanto, no resulta necesario realizar una alineación. La alineación es necesaria cuando se sustituye un extremo de la barra de acoplamiento. **La respuesta D es correcta.** Ninguno de los tasadores tiene razón.

40. Siempre se debe informar al cliente de la gravedad de los daños de los sistemas de seguridad. Se trata del aspecto del vehículo que más afecta a los ocupantes. **La respuesta B es correcta.**

41. El módulo de la bolsa de aire debe reemplazarse siempre tras su despliegue. En ocasiones, resulta necesario reemplazar los sensores de choque, el muelle del reloj y el panel de instrumentos, pero no siempre. **La respuesta D es correcta.**

42. El tiempo de medición del bastidor incluye el tiempo de medición, pero no el de reparación. **La respuesta A es correcta.** El Tasador A tiene razón.

43. Un codo incluye el soporte, la articulación o eje de la dirección y el brazo de control inferior. No incluye el semi-eje. **La respuesta D es correcta.**

44. Los cinturones de seguridad automáticos colocan la correa para los hombros del cinturón en el ocupante del asiento de forma automática cuando se cierra la puerta y se gira la llave de contacto. **La respuesta C es correcta.**

45. Entre los suministros de reparación de la carrocería, figuran los discos de la esmeriladora, el papel de lija para aplicar el relleno de la carrocería, el relleno de la carrocería y los suministros de soldado. Entre los suministros de acabado, figuran la pintura, el transparente, las capas de base, el papel de lija para preparar la superficie del acabado y los compuestos de pulir. **La respuesta C es correcta.** Los dos tasadores tienen razón.

46. El aluminio debe soldarse con un soldador MIG o TIG. No se debe soldar con un soldador de arco. **La respuesta B es correcta.** El Tasador B tiene razón.

47. El uso de piezas reconstruidas no debe afectar la calidad de la reparación. Su funcionamiento deberá ser idéntico al de las piezas OEM, de lo contrario, no deberán utilizarse. **La respuesta C es correcta.** Los dos tasadores tienen razón.

48. El componente de la ilustración es un brazo Pitman. **La respuesta C es correcta.**

49. Un vehículo en el que se hayan repuesto las secciones correctamente es tan resistente a las colisiones como un vehículo no dañado y tiene una durabilidad similar. Si la reposición de secciones no se realiza correctamente, el vehículo no tendrá ninguna resistencia. Algunas piezas no se pueden reponer debido a su diseño. Algunos fabricantes no recomiendan la reposición de secciones de algunas piezas. **La respuesta A es correcta.** El Tasador A tiene razón.

50. Las notas a pie de página anulan la información de las páginas "P". En algunos vehículos, determinadas circunstancias pueden anular la información de las páginas "P". El tiempo de R&I figura en las notas de cabecera de página de cada sección. **La respuesta C es correcta.** Los dos tasadores tienen razón.

51. El aumento de tarifas aceptado que se suele utilizar para elementos subcontratados es del 20–25%. **La respuesta D es correcta.** Ninguno de los tasadores tiene razón.

52. La luz roja de advertencia de freno se enciende cuando se produce un problema en el sistema de frenos de base, como la pérdida de presión. No indica la presencia de problemas del sistema ABS. La luz ámbar del ABS indica un problema del sistema ABS. **La respuesta A es correcta.** El Tasador A tiene razón.

53. La revisión general no incluye el acabado de la pieza. **La respuesta C es correcta.**

54. El plazo de disponibilidad de las piezas de pedidos pendientes es indeterminado. **La respuesta C es correcta.** Los dos tasadores tienen razón.

55. Las fugas de vacío suelen causar problemas de conducción. No se deben utilizar aditivos, a no ser que lo recomiende el fabricante del vehículo. No se suelen recomendar con frecuencia. **La respuesta D es correcta.** Ninguno de los tasadores tiene razón.

56. El sistema de freno de tambor no incluye un rotor. El rotor forma parte del sistema de freno de disco. **La respuesta A es correcta.**

57. Llamar al cliente permite responder a las preguntas del cliente y explicar el proceso de reparación. También permite preguntar acerca de los daños previos. Nunca deberá quejarse de la compañía aseguradora al cliente. **La respuesta D es correcta.**

58. Cuando el cliente recoge el vehículo, deberá proporcionarle todas las garantías que correspondan y las declaraciones de calidad de la reparación que ha realizado el taller en el vehículo. Muchos de los talleres proporcionan esta información. De este modo, el cliente se siente todavía más seguro de haber tomado la decisión correcta al escoger el taller para la reparación del vehículo. **La respuesta C es correcta.** Los dos tasadores tienen razón.

59. Los fijadores deben reemplazarse con el mismo tipo de fijador. Algunos tornillos son de un solo uso y deben reemplazarse al retirarlos. La fuerza del tornillo también es importante. Las capas protectoras contra la corrosión son igualmente esenciales. **La respuesta A es correcta.** El Tasador A tiene razón.

60. Es importante informar al cliente acerca de las tareas de reparación que se van a realizar en el vehículo. Especifique los paneles que se van a reemplazar y los que se van a reparar. Si va a cortarlos, comuníqueselo al cliente y explique el motivo de su decisión. **La respuesta C es correcta.** Los dos tasadores tienen razón.

61. Normalmente, los absorbentes de impactos de poliestireno no se pueden reparar. Hay una empresa que utiliza un procedimiento para absorbentes de impactos de poliestireno específicos que consiste en utilizar un adhesivo fundido caliente para pegar el absorbente y que es efectivo siempre que no falte ningún trozo y ninguna zona esté comprimida. **La respuesta D es correcta.** Ninguno de los tasadores tiene razón.

62. La ilustración muestra un vehículo monoestructural. Los vehículos de estructura espacial no tienen ningún panel externo soldado a la estructura. **La respuesta B es correcta.**

63. La mayoría de los clientes están interesados en la reparación que se está realizando en el vehículo. Agradecen que se les llame y se les mantenga informados acerca del progreso de la reparación. **La respuesta B es correcta.** El Tasador B tiene razón.

64. Los medidores de referencia pueden servir para medir los daños longitudinales y diagonales. También sirven para medir el ancho. **La respuesta C es correcta.** Los dos tasadores tienen razón.

65. Escuchar la descripción del accidente proporcionada por el cliente constituye la mejor forma de averiguar lo que sucedió en el accidente. **La respuesta A es correcta.** El Tasador A tiene razón.

66. Un conjunto del guardabarros usado puede incluir las molduras y el revestimiento del guardabarros. También puede incluir la luz de contorno lateral, el intermitente y la antena. **La respuesta C es correcta.** Los dos tasadores tienen razón.

67. Cuando se reemplaza la placa de apoyo, se pueden reutilizar las zapatas de frenos si están en buen estado. Sólo es necesario reemplazarlas si están muy dañadas o desgastadas. **La respuesta B es correcta.** El Tasador B tiene razón.

68. Entre la información que es importante tener incluida en el presupuesto, figura el número de la placa de matrícula, el kilometraje, el código de pintura y la fecha de producción. El consumo de combustible no es importante en el presupuesto. **La respuesta B es correcta.**

69. Los guardabarros, los capós y los alternadores se encuentran disponibles en el mercado independiente y OEM. Los sistemas de seguridad, como los cinturones de seguridad y las bolsas de aire, sólo se encuentran disponibles OEM. **La respuesta D es correcta.**

70. Puede realizarse la depreciación de piezas de la suspensión, como los muelles. Puede deducirse la mejora por pintura desgastada porque el estado del vehículo mejora una vez reparado en comparación con el estado anterior al accidente. **La respuesta C es correcta.** Los dos tasadores tienen razón.

71. Las bolsas de aire, los sistemas ABS y las barras de acoplamiento son equipos de seguridad. Los guardabarros no son elementos de seguridad. **La respuesta D es correcta.**

72. VOC significa compuestos orgánicos volátiles. **La respuesta D es correcta.**

73. R-12 y R-134a no son intercambiables. Cada sistema está diseñado para uno solo de ellos. Si va a cambiar el refrigerante del sistema, es posible que tenga que cambiar algunos componentes para que el sistema sea compatible. R-12 se utilizó en la mayoría de los vehículos hasta el año1995. A partir de entonces, casi todos los fabricantes de vehículos empezaron a utilizar R-134a de fábrica. **La respuesta D es correcta.** Ninguno de los tasadores tiene razón.

74. Los vehículos monoestructurales se han diseñado para absorber la energía de las colisiones. Para ello, se utilizan repliegues en los rieles. Hacen que una parte del riel sea menos resistente y se aplaste y absorba la energía. **La respuesta C es correcta.** Los dos tasadores tienen razón.

75. Si se despliega una bolsa de aire, debe reemplazarse. Las bolsas de aire no se pueden volver a embalar. Puede que no resulte necesario reemplazar los sensores tras una colisión. En algunos vehículos, es necesario reemplazar todos los sensores tras el despliegue. En muchos otros vehículos, es necesario inspeccionar los sensores y reemplazarlos sólo si están dañados. **La respuesta A es correcta.** El Tasador A tiene razón.

76. La grapa posterior incluye toda la grapa trasera del vehículo, desde el suelo situado bajo el asiento trasero hasta el extremo posterior y la apertura de la ventana trasera. Incluye los faros, la puerta del maletero, el parachoques y los accesorios. No incluye las puertas traseras. **La respuesta A es correcta.**

77. Para determinar el precio de un vehículo, se utiliza una guía de precios de coches usados. Ni el manual de propietario ni la guía de cálculo de colisiones contienen información acerca del valor del vehículo. Un porcentaje del precio del vehículo nuevo no es válido porque cada vehículo se deprecia a un ritmo distinto. **La respuesta C es correcta.**

78. Los daños dentro de especificaciones de fábrica de la estructura del vehículo se producen cuando una parte del vehículo es más corta de lo debido. Este problema puede producirse tanto en el tipo de construcción monoestructural como de bastidor. **La respuesta C es correcta.** Los dos tasadores tienen razón.

79. La capa transparente es un material de acabado, no de la carrocería. El relleno de la carrocería, el cable de soldado MIG y los materiales de reparación plásticos son materiales de la carrocería. **La respuesta C es correcta.**

80. En la garantía de los talleres de reparación, suelen incluirse las piezas, la pintura y la mano de obra. No incluye los daños previos. **La respuesta A es correcta.**

81. Cada vez que se abre el sistema de frenos, debe purgarse. No se puede reemplazar un conducto de freno sin purgar el sistema. Cuando se abre el sistema, siempre entra el aire. **La respuesta A es correcta.** El Tasador A tiene razón.

82. Al elaborar presupuestos, siempre se debe registrar primero la información del cliente. Le permite familiarizarse con el cliente y abrir una vía de comunicación, de forma que, al examinar el vehículo, la conversación pueda centrarse en lo que sucedió cuando se produjo la colisión. **La respuesta A es correcta.** El Tasador A tiene razón.

83. La batería almacena energía eléctrica. Este energía se transfiere a varios componentes del sistema eléctrico para permitir su funcionamiento. Los cables permiten que la energía pueda llegar a los componentes. Las averías eléctricas se suelen producir cuando se rompe un cable. Si el cable está roto, la energía no puede llegar a los componentes y permitir su funcionamiento. **La respuesta C es correcta.** Los dos tasadores tienen razón.

84. Debe incluirse el tiempo de medición del bastidor si se sospecha la existencia de daños estructurales o del bastidor. No es necesario incluirlo en todas las ocasiones. Realice varias comprobaciones rápidas para determinar si resultará necesario realizar más mediciones. **La respuesta B es correcta.** El Tasador B tiene razón.

85. La suspensión delantera se sacude para comprobar la alineación de la dirección. Los daños de la caja de cremallera o de los brazos de la dirección no se detectan al sacudir la suspensión. La alineación de las ruedas delanteras debe medirse con un equipo de alineación de las ruedas. **La respuesta C es correcta.**

86. La figura muestra un sistema de aire acondicionado. **La respuesta C es correcta.**

87. El cristal encapsulado requiere atención especial a la hora de retirarlo. Si no se tiene cuidado, puede dañarse la pintura alrededor del parabrisas o de los componentes interiores. El cristal móvil puede atornillarse, remacharse y pegarse al regulador o al canal guía de la ventana. **La respuesta C es correcta.** Los dos tasadores tienen razón.

88. Los cables rotos se pueden reparar por medio del soldado o con conectores de engarce sin soldadura. Asegúrese de seguir las recomendaciones del fabricante. Algunos sistemas requieren procedimientos especiales para la reparación de los cables. **La respuesta C es correcta.** Los dos tasadores tienen razón.

89. Las piezas usadas pueden utilizarse en vehículos antiguos o nuevos. Normalmente, en los vehículos nuevos se instalan piezas nuevas, aunque la disponibilidad de las piezas puede dificultar el uso de piezas nuevas. La decisión de utilizar piezas de recuperación depende en parte del estado del vehículo. **La respuesta C es correcta.** Los dos tasadores tienen razón.

90. Si el coste de la reparación es superior al valor de venta al público del vehículo, se considera como pérdida total. El valor de recuperación del vehículo varía en función del año, marca, modelo y estado del mismo. Algunos modelos tienen un valor de recuperación superior a los otros, dependiendo del valor de venta al público. **La respuesta C es correcta.** Los dos tasadores tienen razón.

91. Es muy importante proyectar una actitud positiva al tratar con el cliente. Se fiarán más de usted y confiarán más en su capacidad como profesional si su actitud es positiva. El desorden no es aceptable, incluso si el taller tiene mucho trabajo. Da la impresión de falta de organización. **La respuesta A es correcta.** El Tasador A tiene razón.

92. Siempre deberá indicar su nombre y el del taller al responder al teléfono. Confirma al cliente que se trata del número de teléfono correcto y le informa del nombre de la persona con la que está hablando. **La respuesta B es correcta.** El Tasador B tiene razón.

93. Si no abre el capó, podría no detectar los daños de la zona situada debajo de él. Resulta necesario examinar todas las posibles zonas de daños para poder elaborar un presupuesto exacto. **La respuesta A es correcta.** El Tasador A tiene razón.

94. La descarga de la suspensión no forma parte del centrado del volante. Deberá girar el volante hasta bloquearlo, contar el número de giros y dividir ese número entre dos. **La respuesta A es correcta.**

95. El aumento de precio de una pieza usada suele ser de un 20-25%. **La respuesta D es correcta.**

96. Al calcular la solapa, al primer panel siempre se le asigna el tiempo total. Se deducen 0,4 horas por cada panel adyacente. En este caso, al primer panel se le asigna el tiempo total y a los otros tres paneles se les asignan 0,4 horas, lo que da como resultado una solapa total de 1,2 horas. **La respuesta C es correcta.**

97. Los precios OEM cambian con frecuencia. Para que sea exacto el presupuesto, deberá mantener actualizada la información de precios para poder disponer siempre del precio válido actual. **La respuesta C es correcta.** Los dos tasadores tienen razón.

98. Entre los accesorios, figuran las calcomanías, las líneas decorativas y los revestimientos del bastidor. Algunas calcomanías y líneas decorativas son de fábrica, pero otras son accesorios del mercado independiente. **La respuesta C es correcta.** Los dos tasadores tienen razón.

99. El cliente siempre sabe su domicilio, su número de teléfono y el nombre de la compañía aseguradora. Es muy probable que sepa también el número de teléfono del trabajo. No obstante, lo más probable es que desconozca el número de reclamación del accidente. **La respuesta D es correcta.**

100. A veces, los parachoques reconstruidos se denominan parachoques cromados. **La respuesta B es correcta.**

101. Siempre deben reemplazarse las juntas tóricas cuando se desconectan los conectores del aire acondicionado. Antes de abrir un sistema de aire acondicionado con presión, deberá recuperarse el refrigerante. Para liberar la presión, no desconecte un conector, puesto que así se liberará el refrigerante al exterior. En ese caso, se trataría de una acción ilegal. El refrigerante se debe recoger en una máquina para poder reciclarlo y reutilizarlo o eliminarlo como material peligroso **La respuesta A es correcta.** El Tasador A tiene razón.

102. Los cinturones de seguridad deben reemplazarse si están dañados. Deberán inspeccionarse para comprobar si los bordes están deshilachados, si la correa está desgastada, soporta demasiada tensión, los bordes están cortados o existe cualquier otro tipo de daño. Si está dañado el cinturón, deberá reemplazarse. **La respuesta C es correcta.** Los dos tasadores tienen razón.

103. Los acumuladores también se denominan secadores porque eliminan la humedad del refrigerante. El evaporador no es un secador. **La respuesta A es correcta.** El Tasador A tiene razón.

104. Es posible que haya que desmontar el guardabarros para poder comprobar los daños del salpicadero. El guardabarros cubre parte del salpicadero y, por esta razón, no se puede ver lo que hay detrás de él. El capó no cubre ninguna otra pieza, por lo que al desmontarlo no se obtiene acceso visual a otras piezas. **La respuesta A es correcta.** El Tasador A tiene razón.

105. Las piezas que se atornillan tienen más posibilidades de encontrarse disponibles en el mercado independiente. Las empresas del mercado independiente sólo suelen fabricar las piezas que se reemplazan a menudo. Los rieles, los paneles traseros y los paneles de separación no se suelen encontrar disponibles en el mercado independiente. El guardabarros es la pieza que tiene más probabilidades de estar disponible. **La respuesta D es correcta.**

106. Una coca se define como una distorsión de más de 90° en un radio corto. **La respuesta A es correcta.**

107. La duración de las garantías es variable. El plazo de la garantía lo establece el taller que ofrece la garantía. **La respuesta D es correcta.** Ninguno de los tasadores tiene razón.

108. El sistema de la bolsa de aire incluye sensores de choque, módulos de la bolsa de aire, un módulo de control electrónico, un protector de rodillas y un muelle del reloj. **La respuesta C es correcta.** Los dos tasadores tienen razón.

109. Las guías de cálculo de colisiones suelen incluir información de piezas OEM. No contienen información de accesorios. **La respuesta A es correcta.**

110. La depreciación de los neumáticos depende de las bandas de rodadura que tenga todavía el neumático. Algunos componentes de la suspensión, como los muelles y los amortiguadores o los soportes, están sujetos a depreciación. **La respuesta C es correcta.** Los dos tasadores tienen razón.

111. Deberá poder responder a las preguntas de los clientes. Si desconoce la respuesta, averígüela para comunicársela al cliente. El cliente se fiará más del taller si obtiene respuestas a sus preguntas y una explicación del proceso de reparación que se va a seguir para el vehículo. **La respuesta C es correcta.** Los dos tasadores tienen razón.

112. Todos los presupuestos deben incluir las opciones. Esta información resulta necesaria para la solicitud de piezas. Por esta misma razón, también se deben incluir en el presupuesto los tipos de sistemas de seguridad del vehículo. **La respuesta B es correcta.** El Tasador B tiene razón.

113. Cada vez que se gira la llave de contacto, el sistema de bolsa de aire realiza una autoverificación. Si encuentra un problema en el sistema, enciende la luz de la bolsa de aire. Los sistemas de bolsas de aire no se despliegan en todos los tipos de colisiones. Las bolsas de aire delanteras sólo se despliegan si se produce una colisión frontal. **La respuesta C es correcta.** Los dos tasadores tienen razón.

114. Las páginas "P" contienen operaciones incluidas y no incluidas para cada tarea. La sustitución del guardabarros no incluye desmontar el parachoques. **La respuesta C es correcta.** Los dos tasadores tienen razón.

115. Los tornillos americanos tienen puntos o líneas en la cabeza para indicar la fuerza del tornillo. Los tornillos métricos tienen números en la cabeza para indicar la fuerza del tornillo. **La respuesta C es correcta.**

116. Las puertas, los paneles traseros y la puerta del maletero pueden resultar dañados desde el interior debido al movimiento de los objetos durante la colisión. El guardabarros no se puede dañar desde el interior del vehículo. **La respuesta C es correcta.**

117. Los problemas de ajuste de paneles pueden deberse a la colisión o a daños previos. Los problemas de correspondencia del color anteriores a la reparación se deben a reparaciones anteriores a la pérdida. **La respuesta C es correcta.** Los dos tasadores tienen razón.

118. Cuando se requieren piezas usadas, puede resultar imposible encontrarlas, sobre todo si se trata de piezas de vehículos de último modelo. La empresa de desguace suele tener menos vehículos de último modelo que modelos antiguos. **La respuesta C es correcta.** Los dos tasadores tienen razón.

119. El acero de resistencia superior suele utilizarse en la fabricación de refuerzos del parachoques y de barras laterales de las puertas. **La respuesta A es correcta.**

120. El componente de la ilustración es un inyector de combustible. **La respuesta D es correcta.**

121. El uso normal de las piezas de la suspensión hace que se desgasten. Si el desgaste es excesivo, es posible que la conducción del vehículo no sea segura. Es normal que los componentes de la dirección tengan un poco de desgaste, siempre que entre dentro de las especificaciones. **La respuesta C es correcta.** Los dos tasadores tienen razón.

122. La pieza del aire acondicionado mostrada en la ilustración es un evaporador. **La respuesta D es correcta.**

123. Si está encendida la luz del ABS, significa que el computador ha encontrado una avería en el sistema ABS. En ese caso, el computador desactiva el sistema ABS. **La respuesta B es correcta.** El Tasador B tiene razón.

124. El brazo Pitman conecta la caja de la cremallera de la dirección al tensor central. **La respuesta B es correcta.**

125. Deben devolverse todas las piezas dañadas al estado original anterior a la pérdida. La pintura oxidada se considera un estado anterior a la pérdida. **La respuesta C es correcta.** Los dos tasadores tienen razón.

126. Los vehículos monoestructurales no tienen bastidores independientes. Se componen de piezas de metal laminado soldadas. Los vehículos de estructura espacial son parecidos a los vehículos monoestructurales. **La respuesta D es correcta.** Ninguno de los tasadores tiene razón.

127. El tiempo de configuración varía en función de los distintos tipos de equipos de reparación de bastidores. Los bancos se han diseñado para llevar a cabo toda clase de reparaciones estructurales y no sólo daños leves. **La respuesta D es correcta.** Ninguno de los tasadores tiene razón.

128. Si se realizan modificaciones en un presupuesto una vez iniciada la reparación, el cliente, la compañía aseguradora y el taller deben aprobar los cambios. Si el taller no realiza todas las tareas incluidas en el presupuesto y no modifica el presupuesto, se considera fraude. **La respuesta C es correcta.** Los dos tasadores tienen razón.

129. Deberá hablar con el cliente a la hora de determinar el punto de impacto. El cliente podrá informarle acerca de lo que sucedió durante la colisión. También deberá inspeccionar el vehículo. De este modo, podrá verificar la información proporcionada por el cliente acerca de la colisión y obtener pistas acerca de los puntos que deberá examinar para comprobar si hay daños ocultos. **La respuesta C es correcta.** Los dos tasadores tienen razón.

130. La pieza de la ilustración es el pilar central. **La respuesta C es correcta.**

131. Los componentes de la suspensión no se pueden reparar. Deberán reemplazarse si están dañados. El tasador deberá evaluar los distintos métodos de reparación para determinar el método más económico de reparar el vehículo y mantener la calidad de la reparación. **La respuesta B es correcta.**

132. Los rieles del bastidor no se encuentran disponibles como piezas del mercado independiente. Los guardabarros, parachoques y paneles principales suelen encontrarse disponibles en el mercado independiente. **La respuesta D es correcta.**

133. El componente de la ilustración es un conjunto de cilindro maestro e intensificador eléctrico. **La respuesta C es correcta.**

134. Los rieles del bastidor cortado se corroen más rápido. Las zonas soldadas son los puntos en que se produce más corrosión. SMC y uretano son plásticos y no se oxidan. Los guardabarros de acero se oxidan, pero no tan rápido como las zonas soldadas sin protección. **La respuesta B es correcta.**

135. Las barras estabilizadoras se utilizan en casi todas las suspensiones delanteras para disminuir el vaivén de la carrocería. También pueden utilizarse en algunas suspensiones traseras. **La respuesta C es correcta.** Los dos tasadores tienen razón.

136. Las piezas del mercado independiente suelen venir con agujeros ya taladrados. En ocasiones, es necesario taladrar algunos de los agujeros. **La respuesta C es correcta.** Los dos tasadores tienen razón.

137. El arranque es el componente que se encuentra más alejado de la parte delantera del vehículo. Los faros, los intermitentes y las baterías tienen más probabilidades de dañarse en una colisión frontal. **La respuesta B es correcta.**

138. Llamar al cliente durante la reparación del vehículo fomenta la confianza en el taller. La mayoría de los clientes están interesados en conocer el progreso de la reparación y agradecen la información. Es muy probable que la compañía aseguradora no conozca el estado del vehículo anterior a la colisión. El cliente dispondrá de información más precisa acerca de daños previos. **La respuesta A es correcta.** El Tasador A tiene razón.

139. La pieza del vehículo de la ilustración es el panel trasero izquierdo. **La respuesta B es correcta.**

140. Es importante explicar el presupuesto al cliente. Deberá indicarle las piezas que se van a reemplazar y las que se van a reparar. No es necesario explicar las ventajas de los presupuestos informatizados. **La respuesta B es correcta.** El Tasador B tiene razón.

141. Informe al cliente acerca de cuándo finalizará la reparación del vehículo. Hágale saber que puede llamar cuando lo desee para comprobar el progreso de la reparación. Si el cliente sabe cuándo estará listo el vehículo, puede buscar alternativas para el periodo durante el que no podrá disponer del vehículo. **La respuesta A es correcta.** El Tasador A tiene razón.

142. Debe incluirse la solapa en los tiempos de acabado. No se incluye en los tiempos de mano de obra. Las operaciones incluidas ya se han añadido a los tiempos de mano de obra publicados. No es necesario que las incluya usted. Debe añadirse al presupuesto el tiempo de los elementos no incluidos. **La respuesta A es correcta.** El Tasador A tiene razón.

143. Las cintas adhesivas, las calcomanías y las molduras de la parte lateral de la carrocería suelen añadirse como elementos independientes en una línea y no se incluyen con los cargos de materiales. El relleno de carrocería forma parte de los cargos de materiales. **La respuesta B es correcta.**

144. 7,5 horas multiplicado por $20/hora de materiales = $150 de materiales. **La respuesta A es correcta.**

145. Si va a limpiar el vehículo, hágalo antes de que el cliente venga a recogerlo. No conviene hacer esperar al cliente mientras se limpia el vehículo, ya que disminuye la satisfacción con el taller. El contacto con el cliente puede cultivarse con llamadas de seguimiento, encuestas e indicando al cliente que puede llamar si le surge alguna duda o consulta. Fomenta la impresión positiva del taller y beneficia al taller económicamente en el futuro. **La respuesta D es correcta.**

146. Los sistemas de medición láser y universales pueden medir la línea central del vehículo. Los medidores autocentrantes también pueden medir la línea central. Los medidores de referencia no pueden medir la línea central. Se utilizan de forma conjunta con medidores autocentrantes para medir la longitud y la diagonal. **La respuesta B es correcta.**

147. Las piezas de plástico flexible no se deben reparar con relleno de carrocería. El relleno de carrocería no es flexible y no está indicado para la reparación de piezas de plástico. Las piezas de plástico deberán repararse con adhesivos y rellenos específicos para la reparación de piezas de plástico. **La respuesta B es correcta.** El Tasador B tiene razón.

148. Si no se identifica a sí mismo al responder al teléfono, el cliente se preguntará si se ha equivocado de número. Empezará a cuestionar su credibilidad y honradez. **La respuesta D es correcta.**

149. Los tornillos estándar tienen líneas o puntos en la cabeza para identificar la fuerza del tornillo. Los tornillos métricos tienen números en la cabeza para indicar la fuerza del tornillo. **La respuesta A es correcta.** El Tasador A tiene razón.

150. A menudo, cuando un taller subcontrata trabajo a otro taller, recibe un descuento sobre el precio que se cobra a otros clientes. Entre las operaciones que se suelen subcontratar con frecuencia, figura el remolque, la alineación de las ruedas, la reparación del aire acondicionado, las tareas mecánicas y las tareas relacionadas con el sistema de escape. La sustitución del parachoques no se subcontrata. Se trata de una operación realizada en el taller de carrocería. **La respuesta A es correcta.** El Tasador A tiene razón.

151. Los presupuestos informáticos incluyen números de piezas, precios de piezas, asignaciones de mano de obra y cargos de materiales. **La respuesta C es correcta.** Los dos tasadores tienen razón.

152. Al inspeccionar un vehículo, empiece en el punto de impacto y siga los daños en la dirección en la que se produjeron en el vehículo. **La respuesta A es correcta.** El Tasador A tiene razón.

153. Si el cliente está descontento con la reparación, esfuércese en encontrar una solución al problema que sea satisfactoria tanto para el taller como para el cliente. Si cometió un error, admítalo y repárelo. No diga al cliente que investigará el problema para comprobar si la reclamación está justificada. Asuma que la reclamación es justificada hasta que pueda demostrar lo contrario. **La respuesta D es correcta.** Ninguno de los tasadores tiene razón.

154. Muchas piezas del vehículo no se encuentran disponibles en el mercado independiente. La mayoría de las piezas soldadas, como los rieles, los paneles inferiores de las puertas y los paneles traseros no se encuentran disponibles en el mercado independiente. Deberá consultarse al distribuidor para verificar la disponibilidad de la pieza al incluirla en el presupuesto. Si la pieza ya no se encuentra disponible, no la incluya en el presupuesto. Es posible que tenga que utilizar una pieza OEM en su lugar. **La respuesta B es correcta.** El Tasador B tiene razón.

155. Algunos tornillos de la suspensión son de aplicación de par secuencial y medida. Si se retiran, deberán reemplazarse. La única forma de averiguar si un fijador es de aplicación de par secuencial y medida es consultar las recomendaciones del fabricante. Si se indica que es necesario reemplazar el tornillo, es posible que se trate de un tornillo de aplicación de par secuencial y medida. **La respuesta C es correcta.** Los dos tasadores tienen razón.

156. Pueden repararse los daños leves de la placa de montaje del amortiguador. Muchas empresas recomiendan que no se use calor al reparar la placa. La respuesta A es correcta. El Tasador A tiene razón.

157. Las páginas "P" contienen las operaciones de mano de obra incluidas y no incluidas en cada tarea. Si existe una excepción a la información de las páginas "P", figurará en las secciones correspondientes al vehículo. **La respuesta C es correcta.** Los dos tasadores tienen razón.

158. Los paneles inferiores de las puertas se consideran piezas estructurales. Los capós, puertas y paneles traseros siempre suelen considerarse piezas cosméticas. **La respuesta B es correcta.**

159. El núcleo calefactor no forma parte del sistema de aire acondicionado. El evaporador, el condensador y la válvula de expansión forman parte del sistema de aire acondicionado. **La respuesta D es correcta.**

160. El lado derecho e izquierdo del vehículo se determina en posición sentada desde el asiento del conductor. El lado izquierdo del vehículo es el lado del conductor. El lado derecho del vehículo es el lado del pasajero. **La respuesta C es correcta.** Los dos tasadores tienen razón.

161. El uso del aluminio en vehículos se está haciendo cada vez más popular. Los paneles que se suelen fabricar con aluminio son los capós y las puertas del maletero. Las abolladuras de los paneles de aluminio pueden repararse con relleno de carrocería. Algunas empresas recomiendan aplicar el relleno sobre una base epóxica. **La respuesta C es correcta.** Los dos tasadores tienen razón.

162. Los daños causados por la inercia dependen de la velocidad y del peso del componente. Por ejemplo, el eje trasero es muy pesado. Cuando el vehículo está moviéndose a 80 km/h (50 mph) y se detiene bruscamente, el peso del eje trasero sigue desplazándose hacia delante hasta que otro componente lo detiene. Los ocupantes del vehículo también siguen desplazándose a 80 km/h (50 mph) hasta que otra fuerza ralentiza o detiene su movimiento, como por ejemplo, el salpicadero. Cuando sucede esto, la inercia del ocupante produce daños al tiempo que se detiene su movimiento. **La respuesta B es correcta.**

163. Las siglas SUV significan vehículo deportivo. **La respuesta C es correcta.**

164. Si no está incluida una operación de mano de obra en una tarea, se considera una adición a la tarea de mano de obra. **La respuesta C es correcta.**

165. Un sistema de un canal controla las dos ruedas traseras a la vez. Un sistema de dos canales controla las ruedas traseras por separado. Un sistema de tres canales controla las ruedas traseras a la vez y las ruedas delanteras por separado. Un sistema de cuatro canales controla las cuatro ruedas por separado. **La respuesta D es correcta.** Ninguno de los tasadores tiene razón.

166. El tipo de acero utilizado con más frecuencia en un vehículo es el acero blando. En muchos vehículos se utiliza muy poco o ningún acero de alta resistencia o de resistencia superior. El acero martensético es un tipo de acero de resistencia superior. **La respuesta B es correcta.**

167. Los componentes dañados de la dirección o de la suspensión deben reemplazarse. Nunca se deben enderezar las piezas de la dirección ni las de la suspensión. **La respuesta D es correcta.** Ninguno de los tasadores tiene razón.

168. Las guías de cálculo de colisiones incluyen los números y los precios de las piezas OEM. No contienen información de accesorios. **La respuesta D es correcta.** Ninguno de los tasadores tiene razón.

169. Los elementos de seguridad protegen a los pasajeros. **La respuesta A es correcta.**

170. Las placas son elementos adicionales independientes. La guía de cálculo de colisiones incluye los precios y las asignaciones de mano de obra de las placas. Los tornillos se incluyen con los materiales adicionales, excepto cuando se trata de tornillos específicos con una aplicación especial, como los tornillos con aplicación de par secuencial y medida del bastidor del motor. **La respuesta A es correcta.** El Tasador A tiene razón.

171. Los vehículos importados asiáticos y europeos figuran en guías de cálculo de colisiones distintas. Al elaborar un presupuesto, conviene seguir la secuencia de la guía de cálculo de colisiones para que no falte ningún elemento. **La respuesta B es correcta.** El Tasador B tiene razón.

172. Algunos fabricantes de adhesivos recomiendan utilizar un incrementador de adherencia para reparar los plásticos con olefina. De lo contrario, el adhesivo no quedará adherido al plástico. Existen adhesivos específicos para plásticos rígidos. Estos adhesivos cumplen bien su función cuando se utilizan para reparar este tipo de plásticos. **La respuesta C es correcta.** Los dos tasadores tienen razón.

173. Los parachoques metálicos que se han vuelto a acondicionar se denominan parachoques cromados. **La respuesta C es correcta.**

174. Se puede utilizar calor para volver a dar forma a los plásticos flexibles cuando los daños no son demasiado graves. Este proceso funciona mejor con determinados plásticos. Los termoplásticos pueden soldarse. Los plásticos termofraguados suelen poder soldarse. **La respuesta A es correcta.** El Tasador A tiene razón.

175. En el número de pieza 66635-6, 66635 es el número de la pieza derecha y 66636 el de la pieza izquierda. El número de la pieza derecha siempre se menciona en primer lugar. **La respuesta A es correcta.** El Tasador A tiene razón.

176. El sellador de grietas no forma parte de la asignación de mano de obra para la protección contra la corrosión de una pieza nueva no soldada. Los terminales soldados son los puntos en que se produce más corrosión. Por esta razón, deberán protegerse. **La respuesta D es correcta.** Ninguno de los tasadores tiene razón.

177. Los presupuestos informáticos incluyen los números y precios de piezas, las asignaciones de mano de obra y los cargos de materiales. El funcionamiento de los programas informáticos de elaboración de presupuestos siempre varía ligeramente. Emplean procedimientos diferentes para el cálculo de tiempos. **La respuesta C es correcta.** Los dos tasadores tienen razón.

178. Algunas piezas dañadas pueden repararse, pero otras tienen daños demasiado graves y deben reemplazarse.. En ocasiones, la reparación de una pieza no resulta viable económicamente. Las piezas dañadas de la dirección siempre se tienen que reemplazar. **La respuesta C es correcta.** Los dos tasadores tienen razón.

179. El embalaje de las piezas del mercado independiente siempre incluye menos protección que el embalaje que las piezas OEM. Algunas piezas de metal laminado se encuentran disponibles en el mercado independiente, mientras que otras no. **La respuesta C es correcta.** Los dos tasadores tienen razón.

180. A la hora de detectar daños, las marcas más reveladoras suelen ser la pintura agrietada por la tensión, las soldaduras rotas, las grietas del sellador y los huecos irregulares de los paneles. **La respuesta C es correcta.** Los dos tasadores tienen razón.

181. Cuando explique el presupuesto al cliente, asegúrese de utilizar términos comprensibles para el cliente. No utilice terminología técnica que no pueda entender el cliente. **La respuesta B es correcta.** El Tasador B tiene razón.

182. El tiempo de acabado no se incluye en el tiempo de opinión. La guía de cálculo de colisiones incluye tiempos de opinión fijos para el acabado. **La respuesta B es correcta.**

183. La grapa posterior superior se corta en los paneles inferiores de las puertas y en los pilares del parabrisas. Los rieles traseros no se cortan en este tipo de grapa. **La respuesta A es correcta.** El Tasador A tiene razón.

184. Muchas piezas dañadas se pueden reparar. Si el coste de la reparación es superior al de la sustitución, deberá reemplazarse el panel. **La respuesta B es correcta.** El Tasador B tiene razón.

185. Los daños causados por el vaivén lateral pueden producirse en un vehículo monoestructural o de bastidor total. **La respuesta C es correcta.** Los dos tasadores tienen razón.

186. Si el cliente está descontento, deberá averiguar la causa. Una vez que conozca la causa del problema, podrá intentar buscar una solución para el problema que satisfaga al cliente. **La respuesta C es correcta.** Los dos tasadores tienen razón.

187. Deberá revisar el presupuesto junto con el perito y el cliente. Asegúrese de tratar temas como OEM frente a mercado independiente, reparación frente a sustitución, cargos de mejora y daños previos. **La respuesta C es correcta.** Los dos tasadores tienen razón.

188. La reconstrucción implica volver a construir la pieza de forma que siga las especificaciones originales. Las ruedas, los parachoques y los alternadores son ejemplos de piezas que se suelen reconstruir. Los guardabarros no se reconstruyen. **La respuesta A es correcta.**

189. En una colisión trasera, podría dañarse el cableado de la bomba de combustible. Si se daña uno de los cables, es posible que no funcione la bomba de combustible. El conmutador de inercia corta la electricidad de la bomba de combustible en caso de accidente. Deberá restablecerse para que pueda arrancar el vehículo. **La respuesta C es correcta.** Los dos tasadores tienen razón.

190. El coste de la reparación constituye uno de los factores más importantes a la hora de determinar si se va a reparar o a reemplazar una pieza. Si el coste de la reparación es superior al de la sustitución, deberá reemplazarse la pieza. De lo contrario, deberá repararse. También deberá tenerse en cuenta la calidad de la reparación, la edad del vehículo, las expectativas del cliente y la experiencia del técnico, **La respuesta B es correcta.**

191. Si las aletas del guardabarros son del mercado independiente, la guía de cálculo de colisiones no contendrá ninguna información acerca de ellas. Si son OEM, estarán incluidas en la guía de cálculo. **La respuesta D es correcta.** Ninguno de los tasadores tiene razón.

192. La guía de cálculo de colisiones contiene números y precios de piezas OEM. La única pieza del mercado independiente que se suele incluir en la guía es el cristal NAGS. Es posible que algunas piezas de la guía ya no se encuentren disponibles o que sean demasiado nuevas para estar disponibles. **La respuesta C es correcta.** Los dos tasadores tienen razón.

193. Si explica los procesos que deben seguirse para reparar el vehículo del cliente, a éste le resultará más fácil entender el largo plazo de reparación. Sea honrado acerca del plazo de reparación. **La respuesta B es correcta.**

194. Las piezas reconstruidas no siempre se encuentran disponibles. Aunque la pieza figure en el catálogo, es posible que no pueda obtenerla cuando vaya a solicitarla. Los alternadores son componentes que suelen encontrarse disponibles reconstruidos. **La respuesta C es correcta.** Los dos tasadores tienen razón.

195. La guía de cálculo de colisiones contiene los números de pieza. Las piezas que se dañan a menudo se muestran en ilustraciones en la ubicación en que suelen estar situadas en el vehículo. **La respuesta C es correcta.** Los dos tasadores tienen razón.

196. 2,5 horas por 0,4 = 1,0 hora. **La respuesta B es correcta.**

197. El cliente puede detectar una actitud positiva en muchos aspectos. El entusiasmo y la confianza en su capacidad para realizar el trabajo proyectan una actitud positiva. **La respuesta C es correcta.** Los dos tasadores tienen razón.

198. La asignación de mano de obra para una tarea depende de la marca, el modelo y el año del vehículo. También puede verse afectada por las opciones del vehículo. El tiempo de sustitución de una pieza puede variar de un vehículo a otro. **La respuesta C es correcta.** Los dos tasadores tienen razón.

199. Los conectores dañados del aire acondicionado pueden causar una avería del sistema. Si está aplastado el conector, se producirá una obstrucción. Si el conector tiene una fuga, se perderá el refrigerante. El evaporador no elimina la humedad del sistema de aire acondicionado. Es el acumulador el que realiza esta función. **La respuesta A es correcta.** El Tasador A tiene razón.

200. El sensor de detonación puede provocar una situación de falta de arranque. Modifica el ritmo si el combustible está provocando detonaciones. El conmutador de inercia corta la electricidad de la bomba de combustible en caso de accidente. El sensor de combustible y chispa desconecta la entrada de combustible y no se producirá la chispa. El cableado de la bomba de combustible puede provocar una situación de falta de arranque. **La respuesta C es correcta.**

201. Los módulos de la bolsa de aire no se encuentran disponibles como piezas del mercado independiente. Los alternadores, los guardabarros y los brazos intermedios sí que se encuentran disponibles en el mercado independiente. **La respuesta B es correcta.**

202. Las piezas del mercado independiente son más económicas que las piezas OEM. Puesto que su precio es inferior, puede reemplazar una pieza con daños leves sin que la viabilidad económica se vea afectada. **La respuesta A es correcta.** El Tasador A tiene razón.

203. Escuchar con atención al cliente genera confianza en el taller y permite averiguar los daños previos. **La respuesta C es correcta.** Los dos tasadores tienen razón.

204. La pieza de la ilustración es un alternador. **La respuesta C es correcta.**

205. Cuando está retorcida una pieza estructural, pierde fuerza. Si no se reemplaza, no reaccionará igual en la próxima colisión. **La respuesta A es correcta.**

206. Las notas de cabecera de página incluyen el tiempo de acabado, de R&I y de revisión general. No incluyen el tiempo de opinión. **La respuesta B es correcta.**

207. Las garantías no se pueden negociar. Se puede negociar si se van a utilizar o no piezas del mercado independiente. Los problemas de mejora y la asignación de mano de obra del bastidor siempre se suelen negociar. **La respuesta A es correcta.**

208. Deberán reemplazarse los cinturones de seguridad cuando la correa esté cortada, arqueada o tenga hebras rotas. La manchas se suelen poder limpiar sin dañar el cinturón. **La respuesta C es correcta.**

209. Las bolsas de aire no se pueden volver a embalar. Deben reemplazarse. En algunos vehículos, resulta necesario reemplazar todos los sensores tras el despliegue. En otros vehículos, resulta necesario inspeccionar los sensores y reemplazarlos únicamente cuando están dañados. **La respuesta D es correcta.** Ninguno de los tasadores tiene razón.

210. Los vehículos de bastidor total son los más resistentes. No obstante, pueden absorber menos energía de la colisión si se produce un choque. **La respuesta A es correcta.**

Glosario

A Abreviatura de amperio.

Abanicar El uso de aire con presión a través de una pistola pulverizadora de pintura para acelerar el tiempo de secado de un acabado.

Abolladura Un pequeño diente cóncavo.

Abrasivo de grano compacto Un material en el que las partículas abrasivas están lo más unidas posible.

Abrasivo sobre soporte Una combinación de partículas abrasivas, materiales horneados y agentes adhesivos (papel de lija, por ejemplo).

Abrazadera en C Un dispositivo en forma de C con roscas utilizado para unir piezas durante los procedimientos de montaje o soldadura.

Abultamiento (1) Una concentración de arañazos en una superficie producida por disolventes de la capa superior. (2) Una curva convexa o línea en un panel de la carrocería.

Acabado (1) Una capa de pintura protectora. (2) Aplicar pintura o un sistema de pintura.

Acabado en horno Una superficie pintada que, tras su aplicación, se ha secado mediante calor.

Acabado original La pintura aplicada por el fabricante del vehículo.

Acceso Una apertura que permite a un técnico acceder a los fijadores y otros componentes situados en el interior de las puertas.

Accesorios (1) Piezas que no son fundamentales para el funcionamiento del vehículo, por ejemplo, el encendedor de cigarrillos, la radio, la rejilla portaequipajes o la calefacción. (2) Bisagras, colgadores y fijadores que se utilizan en la fabricación del vehículo.

Accesorios de acabado interior El material empleado para acabar el interior del habitáculo de pasajeros y del maletero.

Accesorios de acabado exterior Las molduras de caucho y metal del exterior de un vehículo.

Accesorios de carrocería Piezas decorativas y funcionales, como las manecillas del interior y del exterior del vehículo.

Aceite Un producto de lubricación líquido viscoso derivado de diversas fuentes naturales, como el aceite vegetal.

Acero de alta resistencia Un acero de baja aleación que es más fuerte que el acero laminado en caliente o en frío y que se utiliza en la fabricación de piezas estructurales.

Acero Un metal ferroso que se utiliza en la fabricación de vehículos y como substrato para pintura, que debe pintarse para evitar la corrosión.

Acrílico Una resina sintética termoplástica que se utiliza tanto en las emulsiones como en las pinturas con base solvente, disponible como laca o esmalte.

Acta de Conservación y Recuperación de Recursos Una ley aprobada para permitir a la Agencia de protección medioambiental controlar, regular y gestionar generadores de residuos peligrosos.

Adherencia La capacidad que tiene una sustancia para pegarse a otra.

Adhesivo butílico Un compuesto similar al caucho que se utiliza para colocar cristales fijos.

Adhesivo de poliuretano Un compuesto plástico que se utiliza con cinta de butilo para fijar el cristal.

Adhesivo de soporte de espejo Un material de unión fuerte que se utiliza para fijar el espejo retrovisor en el interior del parabrisas.

Adhesivo estructural Un adhesivo termoestable flexible y fuerte.

Aditivo Una sustancia química que se añade a un acabado, en pequeñas cantidades, para producir o mejorar propiedades deseables.

Aditivo flexibilizador Un material añadido a una capa final para hacerlo flexible.

Afianzador mecánico Un dispositivo, por ejemplo, tornillos, tuercas, pernos, remaches y pasadores de resorte, para el ajuste y sustitución de conjuntos o componentes.

Agente de textura El material que se añade a una pintura para producir una textura resaltada.

Aglomerante Un ingrediente de pintura que une partículas de pigmentos.

Aislamiento Un material que se aplica normalmente para amortiguar los ruidos excesivos, reducir la vibración y evitar la transferencia de calor no deseada.

Ajuste La alineación o adaptación del tamaño de piezas con soportes que permiten colocarlos en su posición.

Alabeo La deformación de un panel durante la contracción térmica.

Alargamiento La deformación de metal bajo tensión.

Alcohol Un líquido volátil e incoloro utilizado como disolvente o codisolvente en pinturas y utilizado como combustible para motores de carrera.

Alcohol isopropílico Un disolvente que disuelve grasa, aceite y cera, pero que no daña los acabados de pintura ni las superficies de plástico.

Alcoholes minerales Un producto con base de petróleo que tiene aproximadamente el mismo nivel de evaporación que el aguarrás; se utiliza a veces para el lijado en húmedo y para limpiar pistolas pulverizadora.

Aleación baja de alta resistencia Un tipo de acero empleado en la fabricación de diseños monoestructurales.

Aleación de plástico Un material que se forma al mezclar dos o más polímeros diferentes.

Alfombra La cubierta para el suelo utilizada en vehículos.

Alicates Una herramienta de mano diseñada para agarrar.

Alineación de ruedas La posición de los componentes de la suspensión y dirección para asegurar el adecuado control y uso máximo de los neumáticos de un vehículo.

Alineación del bastidor El acto de enderezar un bastidor según las especificaciones originales.

Alineación (1) La capacidad de las ruedas traseras de un vehículo para seguir a las delanteras. (2) La disposición de los componentes estructurales básicos de un vehículo entre sí.

Alinear Realizar un ajuste en una línea o en una posición relativa predeteminada.

Almohadilla fibrosa Una almohadilla de fibra de resina o fibra de vidrio que se utiliza en el interior del capó y otras zonas para reducir el ruido y proporcionar aislamiento térmico.

Alternador Un dispositivo eléctrico que se utiliza para generar corriente alterna, que posteriormente se rectifica como corriente directa para el uso en el sistema eléctrico del vehículo.

Aluminio (Al) (1) Un metal ligero. (2) Un material útil como substrato o pigmento.

Amperímetro Un instrumento eléctrico que se utiliza para medir corriente eléctrica.

Amperio (A) Unidad eléctrica de corriente.

Anclar Mantener en posición.

Ángulo de comba La inclinación hacia atrás o adelante de un pivote de acoplamiento o brazo de soporte de espiga en la parte superior desde la referencia vertical.

Ángulo de inclinación negativo Un estado que se produce cuando la parte superior de un mando de dirección se inclina hacia la parte delantera del vehículo.

Ángulo de inclinación positivo El estado que se produce cuando la parte superior de la articulación de dirección se inclina hacia la parte trasera del vehículo.

Ángulo incluido Un ángulo que sitúa el punto de flexión de la rueda en el centro de la zona de contacto neumático-carretera.

Anillo protector Un dispositivo de caucho en forma de aro que se utiliza para rodear cables o mangueras para protegerlos al pasar a través de orificios de metal.

Año del modelo El periodo de producción de modelos nuevos de vehículos o motores.

Anodizado Un tratamiento electroquímico de superficie para aluminio que crea un revestimiento de óxido de aluminio.

Aplicación de la base Un proceso para suavizar la superficie y ayudar a que la capa superior de pintura se adhiera.

Aplicación de la capa base (1) La segunda capa de un acabado de tres capas, la primera capa en el proceso de pintura. (2) La capa o sellante del lado inferior de los paneles para ayudar a impedir la corrosión y reducir el ruido.

Aplicación de relleno de plomo El acto de aplicar un relleno de carrocería soldado con base de plomo.

Aplicador Una herramienta de caucho flexible que se utiliza para aplicar masilla o relleno.

Aprendiz Una persona que aprende un oficio mientras trabaja bajo la supervisión de un técnico experto al mismo tiempo que recibe formación en el aula.

Arañazos Marcas realizadas en acabados metálicos o antiguos mediante un abrasivo.

Área accesible Un área a la que se puede acceder sin necesidad de desinstalar piezas del vehículo.

Área convexa Una zona dañada con una curva ligeramente convexa.

Arranque mediante puente El acto de conectar un vehículo con una batería descargada a una batería en buen estado, de manera que fluya corriente suficiente para arrancar el motor.

Arruga (1) El patrón formado sobre la superficie de una película de pintura por un revestimiento de formulación incorrecta o con formulación especial. (2) La aparición de pequeñas arrugas o pliegues en la película de pintura.

Asbestos Un material cancerígeno que se solía utilizar en la fabricación de forros de frenos y embragues.

Asfixia La imposibilidad de respirar a causa de algo que impide la respiración normal, por ejemplo, humos o gases.

Asiento accionado por motor Un asiento que puede ajustarse vertical y horizontalmente mediante motores eléctricos.

Asiento de accionamiento manual Un sistema de asiento que se ajusta manualmente hacia atrás y delante sobre una pista.

Aspiradora Un dispositivo de absorción portátil que se utiliza para limpiar los interiores de los vehículos.

Atomizar Expulsar líquido en forma de vaho fino.

Aumento de precio La cantidad de beneficio añadido al coste para determinar el precio de venta.

Banco Un dispositivo de anclaje de la parte inferior del vehículo que comprueba las dimensiones del bastidor y de la suspensión en busca de daños y permite realizar procedimientos de enderezamiento.

Banda de relleno Un banda incluida en los juegos de instalación de parabrisas que debe utilizarse en la zona de la antena.

Banda de sujeción Una banda cosida al revestimiento interior y unida a ranuras en T en el panel del techo interior para soportar el revestimiento interior.

Banda sellante Una banda situada en el interior de la puerta que impide que entre polvo en los orificios de drenaje mientras que sí deja salir el agua.

Bandas de unión Bandas de aluminio, fibra de vidrio o cinta de aluminio y acero inoxidable que se utiliza para tapar orificios en carrocerías de vehículos.

Banqueta Un asiento bajo equipado con ruedas.

Barra de apoyo Una barra de metal que sostiene el revestimiento interior en un vehículo.

Barra de torsión Una barra metálica que se tuerce y se acerca para proporcionar una tensión espiral.

Barra de tracción Una herramienta que permite realizar reparaciones desde el exterior de un panel dañado.

Barra extensora Un brazo que se utiliza para conectar un cilindro de la cerradura a un mecanismo de cierre en el conjunto de la cerradura de la puerta.

Barra facial Un amortiguador sencillo sin accesorios.

Base autoremovedora Una imprimación que contiene un agente que mejora la adhesión.

Base de relleno de superficie Una capa que puede lijarse altamente sólida que rellena pequeños poros e imperfecciones.

Base de soldadura Una imprimación que se aplica a una junta antes de soldarla para impedir la corrosión galvánica.

Base (1) El componente de resina de pintura al que se añaden pigmentos de color y otros componentes. (2) Un tipo de pintura que se aplica a una superficie para aumentar su compatibilidad con la capa superior y para mejorar la adhesión o resistencia a la corrosión.

Base-sellante Una capa de base que mejora la adhesión de una capa final y sella superficies pintadas antiguas que han sido lijadas.

Bastidor La estructura metálica pesada que sujeta la carrocería del vehículo y otros componentes externos.

Bastidor convencional Un tipo de construcción de vehículo en el que el motor y la carrocería están unidas a un bastidor independiente.

Bastidor total La estructura de acero grueso y resistente que se extiende desde la parte delantera a la parte trasera de un vehículo

Batería El dispositivo que convierte energía química en energía eléctrica.

Batería libre de mantenimiento Una batería diseñada para funcionar sin necesidad de electrolitos adicionales.

Bisel Un aro decorativo que rodea a un faro o indicador.

Bloque de lijar Un bloque flexible y resistente que proporciona un dorso suave para operaciones de lijado a mano.

Bombilla Un dispositivo eléctrico con elementos internos que se encienden al aplicarles energía eléctrica.

Borde fino El afilado del borde de la zona dañada con papel de lija o un disolvente especial.

Bote (1) Un contenedor de productos químicos diseñado para eliminar vapores y gases específicos del aire que se respira. (2) Un contenedor lleno de carbón utilizado para filtrar y atrapar vapores de combustible.

Brilladora Una herramienta parecida a una lija de disco, pero que funciona a mayor velocidad y utiliza una superficie de pulido para abrillantar la capa final de pintura.

Brillo (1) El brillo u opacidad de una película al verla desde un ángulo. (2) La capacidad de una superficie para reflejar la luz medida mediante la determinación del porcentaje de luz reflejada desde una superficie en ciertos ángulos.

Broca Una herramienta de corte que se utiliza con un taladro.

Brocha (1) Un método de aplicación de pintura. (2) Un aplicador para aplicar pintura.

Bronceado La formación de un brillo con apariencia metálica sobre una película de pintura.

Bruñido La acción de utilizar un material abrasivo a mano o máquina para suavizar y eliminar la capa final aplicada.

Burbujas de disolvente Las burbujas que se forman en una película de pintura causados por disolventes atrapados.

Caja de fusibles Un soporte tipo panel para fusibles e interruptores para los circuitos eléctricos del vehículo.

Caja de par Un componente estructural proporcionado para permitir una ligera deformación como medio de absorción de impactos en carretera y colisiones.

Calcomanía Películas de pintura con forma de dibujos o letras que pueden transferirse desde el dorso provisional de un papel a otra superficie.

Calibrar El proceso de comprobación del equipo para saber si cumple las especificaciones de prueba y si el ajuste del equipo es correcto.

Calibre (1) Una medida de grosor del metal de la hoja. (2) Un dispositivo empleado para indicar el estado de un sistema, por ejemplo, en cuanto a presión o temperatura.

Calzado protector Calzado para la protección.

Canal de recorrido del cristal (1) Un canal en el que se sostiene el cristal de la ventana cuando sube y baja. (2) Un término empleado para designar al canal guía.

Canal guía Las ranuras, guías o huecos por los que se desliza un cristal de arriba a abajo o de atrás adelante.

Capa Material de cobertura utilizado para proteger un área.

Capa base (1) La primera capa para mejorar la adhesión y mejorar la protección frente a la corrosión. (2) El revestimiento de pintura sobre el que se aplican los revestimientos finales. (3) La primera capa de un imprimador, sellante o alisador.

Capa de base/capa final Un método de pintura en el que el efecto de color viene proporcionado por una capa de base muy pigmentada seguida de una capa final para proporcionar brillo y duración.

Capa de conversión Un tratamiento químico empleado sobre el acero galvanizado, acero sin revestir y aluminio para protegerlo de la oxidación.

Capa de pintura La película real que la pintura deja sobre un substrato.

Capa E Un proceso de revestimiento por deposición electrocatódica que produce una base dura con epoxi.

Capa final (1) La capa final de material acabado que se aplica a un vehículo. (2) La capa superior de pintura aplicada a un substrato.

Capa transparente Una capa final transparente sobre una superficie pintada de manera que pueda verse la capa de color.

Capacidad de aire libre La cantidad real de aire libre disponible a la presión de funcionamiento del compresor.

Capacidad de coloración La capacidad de un pigmento para cambiar el color de una pintura a la que se añade.

Capó Un panel metálico de gran tamaño que ocupa el espacio entre los dos guardabarros delanteros y cierra el compartimento del motor.

Carburo de silicio Un abrasivo empleado en lijado o rectificado.

Carga Cualquier dispositivo o componente que utiliza energía eléctrica.

Cargador de batería Un dispositivo eléctrico utilizado para recargar la batería de un vehículo.

Carrocería sobre bastidor Un vehículo con carrocería independiente y piezas del chasis atornilladas al bastidor.

Cáscara de naranja Una irregularidad en la superficie de la película de pintura que aparece como irregular pero que se percibe como suave al tacto.

Casco protector Un casco metálico o plástico que se utiliza para proteger la cabeza de quemaduras, chispas y productos químicos.

Catalizador Un componente de escape utilizado para reducir emisiones de gases de escape tóxicos a través de una reacción química.

Cemento con disolvente Un líquido fino que disuelve parcialmente materiales plásticos para que puedan mezclarse.

Cemento de embellecedor Un adhesivo utilizado para fijar la tapicería y embellecedores seleccionados.

Centímetro Unidad de medida lineal en el sistema métrico internacional.

Centímetro cúbico Una unidad de medida de volumen del sistema métrico decimal igual a un milímetro.

Cera (1) Un sólido resbaladizo que a veces se agrega a pinturas para añadir alguna propiedad. (2) Un material preparado que se utiliza para abrillantar o mejorar una superficie.

Cera de carnaúba Una cera dura que se obtiene de una especie de palmera y se utiliza en algunos materiales de pulido de carrocerías.

Cerradura Mecanismo que impide el funcionamiento del conjunto de cierre.

Certificación ASE Un programa de realización voluntaria de exámenes para ayudar a valorar si se poseen los conocimientos de técnico de reparación, estimador o pintor para colisiones.

Chapa regulable La parte del cierre de la puerta montado en el pilar de la carrocería.

Chapa técnica Un placa instalada por el fabricante en un vehículo que muestra el tipo de carrocería y otra información.

Chasis Un conjunto de mecanismos que componen el sistema operativo principal de un vehículo, que incluye todos los componentes del sistema de suspensión, sistema de frenos, ruedas y sistema de dirección.

Chorreado de arena Un método de limpieza de metal mediante un abrasivo, como arena, bajo presión de aire.

Cierre externo Un cierre empleado en las puertas delanteras y portones del maletero o escotillas.

Cierre interior Una palanca mecánica, mando o botón instalado por medio de una varilla en la sección de la cerradura del conjunto de cerradura.

Cilindro de la cerradura El mecanismo accionado con una llave en un sistema de cierre mecánico.

Cinta butílica Cinta que se utiliza con un adhesivo independiente para colocar cristales fijos.

Cinta de cerradura La cinta instalada en la ranura de la junta para asegurar el cristal en la unión.

Cinta de enmascarar Una cinta con el dorso de papel cubierto con adhesivo para proteger las piezas de la pintura.

Cinta de medir Una herramienta de medición plegable.

Cinturón de seguridad Cinturón de seguridad (1) Un cinturón del asiento que el ocupante de un vehículo debe abrochar. (2) Un protector que mantiene a los ocupantes en sus asientos.

Cinturón de seguridad motorizado Un sistema de cinturón de seguridad diseñado para aplicar automáticamente los cinturones de los pasajeros de los asientos delanteros.

Circuito Una ruta para electricidad. El circuito tiene que completarse antes de que fluya la corriente.

Circuito abierto Un circuito incompleto a causa de una rotura u otra interrupción que detiene el flujo de corriente.

Circuito de cable de antena Un circuito ubicado entre capas de cristal o impreso en la superficie interior del cristal.

Circuito descarchador Bandas estrechas de un revestimiento conductor que se imprimen en la superficie interior del cristal trasero.

Clorofluorocarbono Un tipo de producto químico refrigerante que tiene un efecto devastador en la capa de ozono.

Cloruro de polivinilo Un material termoplástico que se emplea en tuberías, tejidos y otros materiales de tapicería.

Cobertura (1) El grado en el que una pintura oscurece la superficie a la que se aplica. (2) La zona que cubrirá una cantidad de pintura dada al aplicarla según las instrucciones del fabricante.

Cobre (Cu) Un metal. Un substrato de metal difícil de pintar. Un metal utilizado en la fabricación de pigmentos y secadores.

Coca Una curva de más de 90° en una distancia inferior a 3 mm (0,118 pulgadas).

Colector de drenaje Un término utilizado para las molduras de drenaje.

Colisión Un "accidente" o "choque". Daño causado por un impacto en la carrocería y chasis de un vehículo.

Color La apariencia visual de un material, por ejemplo, rojo, amarillo, azul o verde.

Color apagado Un color que no es brillante y claro, que parece grisáceo.

Comba Una corona alta o zona de metal alargado.

Combustión espontánea Un proceso de encendido de material por sí mismo.

Compartimento de pasajeros La parte de pasajeros de la carrocería de un vehículo.

Compatibilidad La capacidad de utilizar dos o más materiales juntos.

Compresión La compresión de un muelle causada por un movimiento ascendente de la rueda y/o un movimiento descendente del bastidor.

Compresor Un dispositivo utilizado para distribuir aire comprimido para el funcionamiento del equipo del taller. Un dispositivo utilizado para hacer circular refrigerante en un sistema de acondicionamiento de aire.

Compuesto adhesivo Un material de tipo sellante antiendurecedor que se utiliza para fijar el cristal en su lugar.

Compuesto de aplicación a mano Un compuesto de caucho diseñado únicamente para el uso manual.

Compuesto de aplicación a máquina Un compuesto con partículas abrasivas muy finas, apropiado para la aplicación en máquina.

Compuesto de brillar Una pasta abrasiva que se utiliza con un trapo o almohadilla de piel de oveja para eliminar pequeñas rayaduras y para pulir acabados lacados.

Compuesto de moldeo de lámina Un compuesto térmico que puede estar formado por componentes fuertes y duros.

Compuesto de pulir (1) Un abrasivo que suaviza y pule películas de pintura. (2) Una pasta abrasiva fina que se utiliza para suavizar y pulir un acabado.

Compuesto de reparación de vinilo líquido Un material grueso que puede utilizarse para reparar áreas de vinilo gravemente dañadas.

Compuesto laminar Varias capas de materiales de refuerzo unidas entre sí con una resina matriz.

Compuesto orgánico volátil Un hidrocarburo que se evapora en el aire y es extremadamente inflamable.

Compuestos fibrosos Un material compuesto de refuerzos de fibra con una base de resina.

Computador Un dispositivo electrónico para almacenar, manipular y difundir información.

Cóncavo Un curva interior, como un diente.

Concentración La cantidad o porcentaje de cualquier sustancia en una solución.

Condensación (1) Un cambio de estado de vapor a líquido en una superficie fría, normalmente húmeda. (2) Un tipo de polimerización caracterizada por la reacción de dos o más monómeros para formar un polímero más algún otro producto, normalmente agua.

Conductor Un material que permitirá el flujo de electrones.

Conector Un dispositivo que tiene mitades macho y hembra que se ajustan entre sí para unir un cable o cables.

Conferencia Interindustrial sobre Reparación de Colisiones En inglés: I-CAR (Inter-Industry Conference on Auto Collision Repair).

Conjunto Dos o más piezas atornilladas o soldadas para formar una unidad única.

Conjunto de cerradura (1) El conjunto que conforma una cerradura. (2) Un mecanismo accionado mediante manecilla manual o eléctrica para el maletero o escotilla.

Conjunto de embellecedores internos de puerta Las cubiertas y accesorios de la superficie de una puerta.

Conjunto motriz El conjunto del eje de impulso, transmisión y motor.

Consistencia La fluidez de un líquido o de un sistema.

Construcción de carrocería sobre bastidor Un método en el que la carrocería del automóvil se atornilla a un bastidor independiente.

Construcción monoestructural Un tipo de construcción de vehículo en la que la carrocería y la parte inferior forman una unidad estructural íntegra.

Contaminantes (1) Las sustancias extrañas que aparecen sobre una superficie preparada para ser pintada o en la pintura, que afectarán de forma adversa al acabado. (2) Cualquier impureza en un material.

Contracción Un método de contracción en frío mediante el uso de un martillo picador y un cepillo pulidor para crear una serie de pliegues en la zona saliente.

Contrato Un acuerdo en forma de documento legal escrito entre dos o más personas.

Control del vidrio Un dispositivo del interior de una puerta utilizado para limitar la altura y profundidad de un cristal.

Convergencia (1) La posición de la parte delantera de una rueda al compararla con la parte trasera de la rueda. (2) Un estado por el cual los bordes delanteros de las ruedas están más juntos que los traseros.

Convexo Una curva exterior, como un golpe.

Copa de succión Una copa de plástico o caucho que se utiliza para fijar y colocar piezas grandes de cristal.

Cordón de cerradura Un término que suele emplearse para una cinta de cerradura.

Corporación Un negocio que suele tener dos o más propietarios.

Corriente El flujo de electrones en un circuito eléctrico.

Corriente alterna (CA) Corriente eléctrica que cambia de dirección.

Corriente continua (CC) Corriente eléctrica que fluye en una sola dirección.

Corrimiento Un estado por el que la pintura se filtra bajo la cinta de enmascarar.

Corrosión (1) Corrosión que se forma en el hierro o acero al exponerlo al aire y humedad. (2) Una reacción química causada por aire, humedad o materiales corrosivos sobre una superficie metálica, a la que se denomina óxido o corrosión.

Corrosión emergente (1) Daño por corrosión producido por la oxidación desde el interior al exterior. (2) Un estado que se produce cuando se deja a la corrosión erosionar un panel de metal.

Corrosión superficial Corrosión encontrada en el exterior de un panel que no ha penetrado el acero.

Corrosión superficial externa Óxido que se inicia en el exterior de un panel.

Corte con arco de plasma Un proceso de corte por el que se separa metal mediante la fundición de una zona localizada con un arco y eliminando el material fundido con un inyector de gas ionizado caliente a alta velocidad.

Corte de metal por arco Un proceso de corte por arco que se utiliza para metales mediante su fundición con el calor de un arco entre un electrodo de metal continuo y el trabajo.

Corte del capó Un extremo frontal o extremo delantero cortado detrás del capó o cortafuego.

Cortocircuito Una fuga eléctrica entre dos conductores o a tierra.

Craquelado La rotura de una película de pintura, normalmente en forma de líneas rectas que penetran el grosor de la capa, como resultado a menudo del exceso de calor.

Crema de pulir Un material abrasivo extremadamente fino que se utiliza para la eliminación manual de marcas de alabeo tras la composición de la máquina.

Cristal atornillado Cristal fijado al mecanismo regulador con fijadores mecánicos, como pernos o remaches.

Cristal de seguridad Una forma de cristal laminado que tiene una capa adicional de plástico en el lado del ocupante para detener fragmentos de cristal durante la rotura.

Cristal fijo Cristal, por ejemplo la ventana trasera, diseñado para no moverse.

Cristal laminado Cualquier cristal que tenga una película plástica embutida entre las capas para su seguridad.

Cristal móvil Una ventana diseñada para subirse o bajarse o moverse lateralmente para la apertura y cierre.

Cristal templado Cristal que ha sido tratado con calor.

Cristal tintado (1) Cristal de ventana que tiene tinta de color. (2) Cristal que tiene una banda de color oscuro en su parte superior.

Cromar Sustituir una pieza, como un parachoques, con cromo.

Cromato de zinc Un material de pintura que se utiliza en la imprimación para proteger acero y aluminio frente al óxido y la corrosión.

Cubrimiento uniforme (1) La característica niveladora de una película de pintura húmeda. (2) La capacidad que tiene un líquido de distribuirse uniformemente por una superficie y dejar a su paso una ligera película.

Cuchillo vibrador Un cuchillo con una cuchilla de movimiento rápido que atraviesa adhesivos de poliuretano.

Cuerpo (1) La consistencia de un líquido; la viscosidad aparente de una pintura evaluada al moverla. (2) Un conjunto de piezas de metal laminado que componen el cierre de un vehículo. (3) La cantidad de película de pintura depositada, medida en milímetros.

Cuña Una pieza de metal delgada que se utiliza detrás de paneles para alinearlos.

Curado (1) El proceso de secado o endurecimiento de una película de pintura. (2) El proceso que permite a un material resistir durante un periodo de tiempo. (3) La reacción química de secado de pinturas mediante un cambio químico.

Dañado Una pieza o componente dañado o arañado.

Daño dentro de especificación de fábrica Una carrocería de un vehículo en el que la longitud de cualquier pieza o elemento del bastidor es inferior a las especificaciones de fábrica.

Daño directo Daño que se produce en una zona que se encuentra en contacto directo con la fuerza o el impacto que produce el daño.

Daño indirecto Cualquier daño que se produce lejos del punto de impacto.

Daño menor Cualquier reparación que requiere un tiempo y conocimientos relativamente cortos para completarse.

Daño por impacto directo El daño que se produce como resultado de un impacto directo.

Daño principal El daño que se produce en el punto de impacto de un vehículo.

Daño secundario Los daños indirectos que pueden producirse debido a la mala ubicación de energía que produce tensión en zonas distintas de la zona de impacto principal.

Daño severo Cualquier daño que incluye la deformación grave de paneles de la carrocería y bastidor o componentes de la parte inferior dañados.

Daño visible Arañazos en una capa inferior que pueden verse a través de la capa superior.

De dos etapas Dos capas de pintura como, por ejemplo, una capa base y una capa final.

De dos partes Un producto suministrado en dos piezas que deben combinarse en las proporciones correctas inmediatamente antes del uso.

De dos tonos Dos colores diferentes en un único esquema de pintura.

De tres etapas Tres capas de pintura que produce una apariencia de perla que consta de una capa base, una capa media y una capa final.

Decantación La separación producida por la gravedad de uno o más componentes de una pintura que da como resultado la acumulación de una capa de material en el fondo de un depósito.

Decoloración (1) El aclarado o blanqueamiento de una película producido por la absorción y retención de humedad en el secado de la película de pintura. (2) La pérdida de color.

Decoloración por contaminante químico Una decoloración en forma de motas de la capa final causada por las condiciones atmosféricas, que suele producirse cerca de una zona industrial.

Deducible La cantidad de la reclamación que el propietario del vehículo debe pagar, efectuando el pago restante la compañía de seguros.

Defecto superficial (1) La formación de una nebulosidad superficial. (2) Los defectos de secado de una película de pintura.

Deflector Un panel que se utiliza para dirigir el aire al radiador.

Deflector de agua/aire Un deflector integrado en la puerta de un vehículo.

Deflector de aire La estructura instalada bajo la parte delantera de un vehículo diseñada para dirigir aire a través del radiador y a través del motor.

Deformación La deformación de metal bajo compresión.

Deformación plástica El uso de una fuerza de compresión o de tensión para cambiar la forma del metal.

Deformación (1) La deformación de metal bajo compresión. (2) Un daño en el que un lateral del vehículo se ha movido hacia la parte trasera o delantera, produciendo el descuadre o deformación del bastidor o carrocería.

Demandante Una persona que realiza una reclamación.

Densidad El peso de un material por unidad de volumen, normalmente gramos por centímetro cúbico.

Densidad relativa La masa de un volumen dado comparada con el mismo volumen de agua a la misma temperatura, a la que se hace referencia como gravedad específica.

Depósito de expansión Un pequeño depósito empleado para albergar el exceso de combustible o refrigerante al expandirse con el calor.

Depreciación La pérdida de valor de un vehículo u otra propiedad a causa del envejecimiento, desgaste o daños.

Depresión Un diente cóncavo.

Depresión por contaminación Una depresión de la superficie de pintura en una película de pintura húmeda causada normalmente por la contaminación con silicona de la pintura.

Desalineado Espacio irregular, por ejemplo, entre paneles de la carrocería.

Desbastado El trabajo preliminar de devolver a la hoja metálica dañada el contorno original aproximado.

Descascarillado Un error de pintura caracterizado por grandes trozos de pintura que se separan del substrato.

Desconexión automática Un dispositivo de seguridad utilizado para cerrar el compresor de aire en la presión preestablecida.

Desengrase La limpieza de un substrato, normalmente metal, mediante la eliminación de grasas, aceites y otros contaminantes de la superficie.

Deshidratación La eliminación de agua.

Desmontar Desunir.

Desmontar y reparar Un término empleado para desinstalar e instalar una pieza.

Desmontar y volver a instalar Un término empleado para extraer un elemento y tener acceso a una pieza, instalando a continuación dicho elemento.

Desportillado La pérdida de pequeñas partes de película de pintura debido a la incapacidad de flexión ante un impacto o ante expansión y contracción térmica.

Desprendimiento El ataque de una capa de base causado por el disolvente de la capa final que da como resultado la deformación o arrugamiento de la capa de base.

Destornillador Una herramienta eléctrica o neumática portátil que se utiliza para apretar o aflojar fijadores de tipo tornillo.

Deterioro a causa de agentes atmosféricos Un cambio en la película de pintura producido por fuerzas naturales, como la luz del sol, lluvia, polvo y viento.

Determinación del seguro Acuerdo entre el propietario del vehículo, la compañía de seguros y el taller en lo referente a las reparaciones que se realizarán y quién las pagará.

Diagrama de cables Esquema que muestra la orientación de los cables y su disposición.

Dicloruro de etileno Un producto químico que se utiliza como disolvente para juntas plásticas de cemento.

Diluyente Un disolvente empleado para diluir lacas y acrílicos.

Dirección de piñón y cremallera Un mecanismo de transmisión en el que un piñón situado en el extremo del eje de dirección se combina con una cremallera de la conexión de dirección.

Diseño de llamas Un diseño en forma de llama producido por el uso de patrones y pintura.

Diseño de pintura Una sección transversal de la pulverización.

Diseño simétrico Un diseño en el que ambos lados de una monoestructura son idénticos en estructura y medición.

Diseño superficial La apariencia y variación de color de la superficie de materiales de vinilo.

Disolvente (1) Un líquido que disolverá algo, como un plástico. (2) Un líquido, no un disolvente real, que se utiliza para reducir el coste de un sistema diluyente de pintura.

Disposición del taller La disposición de las zonas de trabajo, almacenaje, pasillos, oficina y otros espacios de un taller.

Dispositivo de sujeción Un dispositivo mecánico utilizado para colocar y mantener el trabajo.

Distancia entre ejes La distancia entre los ejes delantero y trasero.

Distorsión (1) Daño por colisión que produce la deformación de los travesaños del bastidor. (2) La distorsión, estrías o deformación de una pieza metálica de la carrocería como resultado de una colisión. (3) Un estado en el que un componente se dobla, se retuerce o se alarga con respecto a su forma original.

Divergencia Un estado por el cual los bordes traseros de las ruedas están más juntos que los delanteros.

Dobladura Un cambio de la forma original en una carrocería o embellecedor.

Doméstico La clasificación para cualquier vehículo que tenga un 75% o más de sus piezas fabricadas en Estados Unidos.

Durabilidad El periodo de duración del servicio; normalmente se aplica a la pintura empleada para exteriores.

Dureza La calidad de una película de pintura seca que proporciona resistencia a la película ante el daño o deformación de la superficie.

Economía de Combustible Media Empresarial (Corporate Average Fuel Economy) Legislación diseñada para mejorar el consumo de combustible por parte de los fabricantes de automóviles.

Efecto crónico El efecto adverso en un ser humano o animal que presenta síntomas que se desarrollan lentamente durante periodos largos de tiempo o que podrían repetirse con frecuencia.

Efecto de cebra Una apariencia de acabado metálico, producido normalmente por una aplicación irregular.

Eje de tracción Una línea imaginaria paralela a las ruedas traseras.

Electrocución Un estado mediante el cual la electricidad pasa a través del cuerpo humano produciendo heridas graves o incluso la muerte.

Electrodo Una barra de metal que se utiliza en la soldadura por arco que se funde para ayudar a unir las piezas que se van a soldar.

Elemento decorativo Una fina capa de material plástico decorativo con un diseño o patrón que suele aplicarse a diversas piezas del vehículo.

Elemento fundible Una junta de cables especialmente diseñada que se funde y abre el circuito si fluye una corriente excesiva.

Elevador Un mecanismo hidráulico empleado para elevar un vehículo del suelo.

Eliminador de depresiones Un aditivo que hace que la pintura forme menos depresiones.

Emanaciones tóxicas Emanaciones perjudiciales que pueden producir enfermedades o incluso la muerte.

Embellecedor Una pieza metálica decorativa en la carrocería de un vehículo.

Embellecedor externo Las molduras y demás componentes que se aplican al exterior de un vehículo.

Embellecedor interior Toda la tapicería y molduras del interior del vehículo.

Émbolo hidráulico Un gato de carrocería hidráulico que se utiliza para corregir daños graves.

Empaque (1) Un embellecedor tipo cuerda colocado alrededor de las ruedas para ayudar a sellar y decorar las aperturas. (2) Una junta de caucho que se utiliza para mantener la suciedad, el aire y la humedad fuera del habitáculo de pasajeros o del maletero de un vehículo.

Empaque externo El material ubicado entre el panel de la puerta y el cristal de la ventana para impedir que entre suciedad, aire y humedad.

Emparejador Una pintura muy pigmentada que se aplica a un substrato para suavizar la superficie para posteriores capas de pintura.

Empresario Persona que tiene su propio negocio.

Emulsión Una suspensión de partículas polímeras finas en un líquido, normalmente agua.

Encaje a presión Una técnica de unión en la que las piezas se presionan sobre un borde en un anillo retén inverso.

Enderezador del bastidor Un dispositivo de accionamiento neumático o hidráulico que se utiliza para alinear y enderezar un bastidor o carrocería deformada.

Enderezador de bastidor y panel Un dispositivo de accionamiento hidráulico portátil o estático que se utiliza para reparar hojas metálicas y corregir daños del bastidor.

Endurecedor Un agente de curado que se utiliza en ciertos plásticos y epoxis.

Endurecimiento Un término empleado por algunas personas para referirse al endurecimiento de un relleno plástico.

Enfriamiento rápido Enfriarse rápidamente.

Enmascaramiento Un papel o plástico empleado para proteger superficies y piezas de las salpicaduras de pintura.

Envejecimiento El resultado de los ataques atmosféricos de una película de pintura caracterizado por la pérdida de partículas de pigmento sobre la superficie de la pintura.

Epoxi Un tipo de resina que podría caracterizarse por su buena resistencia química.

Equilibrado de ruedas El acto de distribuir correctamente el peso alrededor de un neumático y conjunto de neumático para mantener un movimiento de rueda perpendicular a su eje de rotación.

Escáner Un dispositivo electrónico para la lectura y almacenamiento de datos o información electrónica.

Escarcha La congelación de la humedad de la superficie en un conducto o componente.

Escurrimiento (1) Flujo excesivo de pintura sobre una superficie vertical que da como resultado gotas y otras imperfecciones. (2) Un defecto de la película de pintura húmeda que da como resultado la eliminación de la capa de pintura o la falta de humedad en algunas zonas.

Esmalte Un tipo de pintura que se seca en dos fases: primero, mediante la evaporación del disolvente, después, mediante la oxidación del aglutinante.

Esmalte acrílico Un tipo de acabado que contiene poliuretano y aditivos acrílicos.

Esmalte al horno Un acabado que se consigue al utilizar calor para acelerar el secado rápido.

Esmalte de poliuretano acrílico Un material con gran resistencia a la intemperie que generalmente proporciona más brillo y mayor duración que otros esmaltes de poliuretano.

Esmalte de poliuretano Un material de acabado que proporciona un terminado brillante, resistente y uniforme.

Esmeriladora de banco Una herramienta utilizada para afilar o eliminar metales atornillados a un banco de trabajo y accionado por un motor eléctrico.

Espaciador del cristal Las piezas de caucho utilizadas para colocar o alinear cristal.

Espárrago Un perno sin cabezal que dispone de roscas en uno o ambos extremos.

Especialista en alineación Un técnico especializado en la alineación y equilibrado de ruedas, así como en la reparación de mecanismos de dirección y sistemas de suspensión.

Especificaciones Datos proporcionados por el fabricante que tratan sobre todas las medidas y cantidades del vehículo.

Especificaciones de la fábrica Medidas específicas y otra información utilizada durante la fabricación original de un vehículo.

Espectrofotómetro Un instrumento para medir un color.

Espuma de poliuretano Un material plástico utilizado para rellenar pilares y otras cavidades, añadiendo fuerza, rigidez y aislamiento.

Espuma sintáctica Una resina y sistema catalizador que contiene cristal o esferas de plástico que se utiliza para rellenar zonas oxidadas en puertas y paneles.

Estabilizador de UV Un producto químico que se añade a la pintura para absorber las radiaciones ultravioletas.

Estera fibrosa Un material de refuerzo que consta de tiras no direccionales de cristal cortado unidas entre sí mediante un aglutinante resinoso.

Esterilla superficial Una esterilla delgada de fibra de vidrio que se utiliza como capa exterior al realizar reparaciones.

Estimación El análisis de daños y cálculo del coste de reparación.

Estimado Una estimación escrita para mantener registros.

Estructura de escalera Un diseño de estructura en el que los rieles están prácticamente en línea recta con los travesaños para enderezar la estructura.

Estructura del techo El marco o construcción interior que refuerza y sostiene los laterales del panel del techo.

Estructura espacial Una variación de una construcción estructural unificada en el que los paneles de plástico modulados se unen con fijadores adhesivos o mecánicos a una estructura espacial.

Estructura inferior La parte inferior de un vehículo que contiene la sección inferior, el suelo del maletero y los refuerzos estructurales.

Estructura superior El marco o construcción interior que une las secciones superiores del parabrisas o del cristal trasero y los pilares para formar la sección superior del parabrisas o la apertura del cristal trasero y que refuerza el panel superior.

Etilenglicol Una base química que se utiliza para la anticongelación permanente.

Evaporación Un cambio de estado de líquido a gas.

Excéntrico Una sección parecida a la leva con desplazamiento utilizada para convertir el movimiento rotativo en recíproco.

Exterior La zona de fuera.

Extractor (1) Una herramienta empleada para extraer dientes. (2) Una herramienta empleada para extraer cubos y poleas.

Extranjero Un clasificación general para un vehículo que tiene menos del 75% de sus piezas fabricadas en los Estados Unidos.

Extremo delantero La grapa delantera o sección de la carrocería delantera, denominada también sección delantera, que incluye todo lo que se encuentra entre el parachoques delantero y el cortafuegos.

Extremo frontal La parte delantera de la carrocería delante de las puertas, que incluye el parachoques, guardabarros, capó, rejilla, radiador y soporte del radiador.

Fallo por fatiga Un fallo metálico que resulta de la tensión repetida que altera el comportamiento del metal de manera que se agrieta.

Faro compuesto Un faro con una bombilla, lente y conector independientes.

Faro sellado Una luz en la que el filamento, reflector y lentes se funden en una única unidad hermética.

Fibra de vidrio Un material compuesto por filamentos finos de cristal que se utiliza como aislante y para el refuerzo de un aglutinante de resina al reparar carrocerías de vehículos.

Fijador Un mecanismo que sujeta y mantiene cerradas las puertas, capós y compuertas del maletero.

Fijador de la cerradura La parte del conjunto de cerradura conectada mediante el mecanismo de cierre cuando la puerta está cerrada.

Fijador de molduras Un fijador mecánico empleado para sujetar embellecedores.

Fisura Una pequeña grieta.

Fisuras en el borde afinado Marcas de extensión o grietas a lo largo del borde fino que se producen durante el proceso de secado o poco después de haber aplicado la capa final sobre una superficie con preparado.

Formación de agujeros La formación de orificios en la película de pintura donde la pintura no cubre a causa de la contaminación de la superficie.

Formación de arrugas Una distorsión de superficie que se produce en una capa gruesa de esmalte antes de que se haya secado correctamente la capa inferior.

Formación de burbujas La formación de burbujas de aire o gotitas de agua en una película de pintura, normalmente producidas por la expansión de aire o humedad atrapada bajo la película de pintura.

Formación de capa La formación de una fina película en la superficie de una película de pintura líquida.

Formación de fisuras (1) Un fallo de la película de pintura que da como resultado la deformación de la superficie o el agrietamiento. (2) Un tipo de error por el que se agrieta la película de pintura de la superficie y se deteriora progresivamente, dando como resultado una grieta en forma de V más estrecha en la parte inferior que en la superior.

Fragilidad Una falta de firmeza y flexibilidad.

Franquicia Una estimación detallada y exacta realizada normalmente para daños menores en la que no se van a realizar reclamaciones a la compañía aseguradora.

Fuente de energía Una fuente de energía eléctrica, como la batería.

Fuerza La medida de la capacidad de un pigmento para ocultar color.

Fundición/Pieza fundida (1) El proceso de moldear materiales que utiliza sólo presión atmosférica. (2) Una pieza producida por dicho proceso.

Fusibilidad Una medición de la capacidad de un material para unirse a otro mientras está en estado líquido.

Fusible Un dispositivo de protección eléctrico con un elemento metálico blando que se fundirá y abrirá un circuito eléctrico si fluye por él una cantidad superior a la estimada.

Fusión al calor Un adhesivo polímero que se aplica en su estado líquido.

Gafas Gafas con lentes de color o gafas de seguridad claras que protegen la vista de las radiaciones nocivas durante las operaciones de soldadura y corte.

Gafas protectoras Gafas para la protección ocular.

Gato (1) Equipo portátil utilizado para elevar un vehículo. (2) Un dispositivo que se utiliza para elevar mucho peso, por ejemplo, un vehículo.

Grado La oscuridad o brillo de un color.

Granulosidad Una medida del tamaño de las partículas del papel de lija o discos.

Grapa Una parte de un vehículo recuperado. Un ajustador mecánico utilizado para fijar molduras en un panel.

Gravedad específica La relación del peso de un volumen específico de una sustancia en el aire comparado con el peso de un volumen igual de agua.

Grúa Un dispositivo portátil que se utiliza para elevar o mover objetos pesados, como por ejemplo un motor de vehículo.

Grumos El desarrollo de pequeñas partículas indisolubles en un depósito de pintura que da como resultado una película irregular o porosa.

Guante de nitrilo Guantes empleados para protegerse al trabajar con pinturas, disolventes, catalizadores y rellenadores.

Guardafangos Los paneles curvos que forman compartimentos en los que giran las ruedas.

Hardware Computador, impresoras, discos duros, unidades de CD-ROM y otros componentes informáticos.

Herramienta accionada por motor Una herramienta que funciona con energía eléctrica, hidráulica o neumática.

Herramienta de corte Una herramienta empleada para cortar a través de las soldaduras de un panel.

Herramienta de instalación de vidrios Herramientas necesarias para instalar y desinstalar cristales de ventanas.

Herramienta de taller Una herramienta principal que el propietario del taller suele proporcionar.

Herramienta de uso general Una herramienta común en cualquier taller que realiza un servicio o reparación del automóvil.

Herramienta eléctrica Una herramienta que funciona con energía eléctrica.

Herramienta hidráulica Una herramienta que tiene un sistema de bombeo que impulsa al líquido hidráulico hacia un cilindro para empujar o tirar de un pistón.

Herramienta neumática Una herramienta accionada por aire comprimido.

Herramienta neumática de formación de rebordes Una herramienta manual accionada por aire desde un pliegue desplazado a lo largo del borde de unión de un panel.

Hidráulico El uso de un líquido bajo presión para realizar el trabajo.

Hidrocarburo Un compuesto que contiene carbono e hidrógeno.

Hierro Un elemento básico.

Hilo de referencia Una banda con código de color sobre un cable eléctrico para la identificación al controlar un circuito.

Hoja de Datos de Seguridad de Materiales (MSDS) Datos disponibles de todos los fabricantes de productos en los que se detallan las composiciones químicas e información de seguridad de todos los productos que pueden presentar un riesgo para la salud o seguridad.

Holgura La cantidad de espacio entre piezas o paneles adyacentes.

Homogeneizar La técnica utilizada para reparar acabados de laca acrílica, que extiende cada capa de color más allá de la anterior para mezclarla con el acabado circundante.

Horno Equipo que se utiliza para hornear un acabado.

HSLA Abreviatura de Acero de baja aleación y alta resistencia.

HSS Abreviatura de Acero de alta resistencia.

Humedad La cantidad de vapor de agua en el aire.

Imperfección La característica de una capa de base que se produce cuando una grieta o imperfección de superficie no se cubre completamente.

Imperfección superficial Un defecto de la película de pintura que aparece como manchas o imperfecciones de superficie.

Imprimante de poliuretano Un material que puede aplicarse en las zonas en las que se aplicará adhesivo para fijar el cristal.

Imprimante epóxico de dos componentes Material imprimante que tiene dos componentes que reaccionan después de mezclarse.

Imprimante/endurecedor de adhesivo Un material aplicado sobre un soporte reflectante y sobre el cristal antes de aplicar el adhesivo de montaje reflectante.

Impurezas Material extraño, como pintura, óxido u otros contaminantes, que puede debilitar sustancialmente una junta soldada.

Inclinación La inclinación interior o exterior de una rueda en la parte superior desde la referencia vertical.

Inclinación del eje de dirección La inclinación interior de la articulación de dirección.

Incrementador de adherencia Un material de laca acrílica blanca que se puede pulverizar para proporcionar un decapado químico a los acabados de fabricantes de equipo original (OEM).

Inhibidor Un aditivo para la pintura que ralentiza los procesos de gelificación, desollado o amarilleamiento.

Inhibidor de la corrosión Un producto químico aplicado al acero para retrasar la corrosión y oxidación.

Injerto metálico Un componente que se utiliza para ayudar a reforzar y asegurar la reparación al seccionar paneles.

Inspección por zonas Un método de observación sistemática de un vehículo dañado.

Instalador de cristales El técnico responsable de la sustitución de parabrisas y puertas de cristal.

Instalar Conectar o insertar una pieza, componente o conjunto a un vehículo.

Instructor Un profesional que enseña a otros mecánicos del automóvil a hacer reparaciones de carrocería y acabados así como cualquier otra técnica.

Integridad estructural La fuerza y capacidad de la estructura de un vehículo para permanecer de una pieza.

Intensidad de ruido El estruendo de un ruido.

Intercambiabilidad La capacidad que tienen las piezas de repuesto nuevas o usadas para ajustarse correctamente como las originales.

Interruptor Un dispositivo que se compone de una banda bimetálica y un conjunto de contactos que se abren si un exceso de corriente calienta la banda para deformarla.

Jefe/Supervisor Una persona que tiene el control de las operaciones del taller y el alquiler, formación, promoción y despido de personal.

Junta (1) Tira de caucho que se utiliza para sujetar cristales fijos en vehículos de modelos antiguos. (2) Un corcho, goma o combinación de ambos que se utiliza como unión entre dos superficies de acoplamiento.

Kilogramo Una unidad de medida del sistema métrico internacional.

Kilómetro Una unidad de medida del sistema métrico internacional.

Laca Un tipo de pintura que se seca mediante la evaporación de disolventes y puede pulirse para mejorar la apariencia.

Laminación Un proceso mediante el que las capas de materiales se pegan entre sí.

Lámpara de prueba Un dispositivo de prueba eléctrico que se encenderá cuando exista tensión en un circuito.

Lámpara portátil Una luz portátil instalada sobre un cable eléctrico que se utiliza para iluminar una zona de trabajo.

Lápiz técnico Un lápiz utilizado para dibujar trazos a mano sobre un vehículo.

Latonero Una persona que realiza tareas de reparación básicas como la extracción de piñones, sustitución de piezas dañadas, soldadura de metales, relleno, corte y lijado.

Lavado ocular Un dispositivo empleado para llenar los ojos de agua en caso de que se produzca un contacto accidental con un producto químico o con cualquier otro material peligroso.

Lavadora accionada por motor Una máquina de limpieza que utiliza un pulverizador de alta presión para disolver los restos.

Ley de derecho a la información Derecho a la información esencial y estipulaciones para el trabajo seguro con materiales peligrosos.

Lija impermeable Papel de lija que puede utilizarse con agua para el lijado en húmedo.

Lija líquida Un producto químico que limpia y decapa la superficie pintada.

Lijado El proceso de lijado en húmedo para eliminar las imperfecciones de la capa final.

Lijado en seco Una técnica empleada para lijar acabados sin utilizar líquidos.

Lijadora Una herramienta electrónica portátil utilizada para acelerar el nivel de lijado o pulido de superficies.

Lijadora alterna Una lijadora automática portátil con una superficie de lijado que se mueve en pequeños círculos a la vez que se mueve en línea recta.

Lijar El uso de un papel con revestimiento abrasivo o dorso de plástico para nivelar y suavizar una superficie que se está reparando.

Lima Una herramienta con bordes rígidos o dientes cortados en la superficie que se utiliza para eliminar y alisar metales.

Lima curva Una lima curva empleada para dar forma a curvas cerradas o paneles redondos.

Lima de desbastar Una lima empleada para dar forma al relleno de carrocería antes de que se haya endurecido por completo.

Lima de uso general Una herramienta plana redonda o semicircular que se utiliza para eliminar rebabas y bordes afilados de piezas metálicas.

Límite de exposición El límite establecido para minimizar la exposición a una sustancia peligrosa durante las horas de trabajo.

Limpiador Un material que se utiliza para limpiar un substrato.

Limpio Estar libre de suciedad u otro material, como sucede después de limpiar. Un color limpio brillante.

Línea de aire Un tubo o manguera flexible utilizada para transportar aire comprimido desde un punto a otro.

Línea de referencia Una línea imaginaria que aparece en las marcas o gráficos del bastidor para ayudar a determinar la altura correcta.

Línea de tensión La zona baja de un panel dañado que normalmente empieza en el punto de impacto y se dirige hacia fuera.

Líneas decorativas Líneas que se aplican a un vehículo para añadir una apariencia decorativa y personalizada.

Liquidación El pago a un técnico basado en un porcentaje, normalmente del 40 al 60%, de la mano de obra total empleada en un trabajo de reparación.

Litro Unidad de medida en el sistema métrico internacional.

Llave Una herramienta de mano que se utiliza para hacer girar fijadores.

Llave de casquillo Una herramienta especializada que se utiliza para aplicaciones especiales, como la desinstalación de antenas, espejos y tuercas del embellecedor de la radio.

Llave de extracción de bisagra Una llave con forma especial que se utiliza para extraer o instalar los pernos de sujeción en las bisagras de las puertas.

Longitudinal Un término utilizado generalmente para identificar un motor instalado de manera que el cigüeñal es perpendicular a los ejes del vehículo.

Luces direccionales (1) Una bombilla empleada para alertar sobre problemas de presión de aceite, temperatura del motor, nivel de combustible o salida del alternador. (2) Una bombilla empleada para las señales de viraje o peligro.

Luminosidad La blancura de pintura medida por la cantidad de luz reflejada sobre su superficie.

Luz interior superior Luces que proporcionan iluminación en el interior de un vehículo.

Luz ultravioleta (UV) La parte del espectro de luz invisible responsable de la degradación de pinturas.

Macho de terraja Un dispositivo que se utiliza para cortar roscas internas.

Macho y caja de terraja Las herramientas que se utilizan para restaurar roscas o para cortar roscas nuevas.

Manija de la ventana El mecanismo instalado en la puerta que proporciona un medio para subir y bajar la ventana.

Manilla externa de la puerta Un dispositivo que permite la apertura de una puerta desde el exterior.

Manual de servicio Un libro publicado por el fabricante del vehículo que indica las especificaciones y procedimientos de servicio.

Manual del taller Un término empleado a menudo para manual de servicio.

Marcas de agua Un estado que se crea cuando el agua se evapora sobre un acabado antes de que esté completamente seco.

Marco de puerta Un diseño en el que el marco de la puerta rodea y sostiene el cristal.

Marco X Un diseño de marco que no se basa en el cigüeñal del suelo para la rigidez de torsión.

Martillo de cabeza blanda Un martillo con un cabezal de plástico, madera u otro material suave similar.

Martillo de carrocería Un martillo especial que se utiliza para cambiar la forma de metales dañados.

Martillo de uso general Un martillo empleado para golpear herramientas o tareas distintas de las de dar forma al metal de la hoja.

Martillo deslizante Una herramienta portátil con un cabezal de martillo que se desliza sobre una barra y contra un tope para que tire contra el objeto al que se ha fijado la barra.

Máscara Una máscara que se coloca sobre la boca y nariz para filtrar y eliminar las partículas y humos del aire que se respira.

Máscara de cerámica Una máscara negra opaca horneada directamente en el perímetro del cristal para ayudar a ocultar el adhesivo de poliuretano negro y la cinta de butilo.

Máscara de pintura Una película fina que se pulveriza sobre la superficie que se va a decorar de manera que se corta un diseño a través de la película y se pueden extraer las partes deseadas antes de aplicar la pintura.

Mascarilla con respirador Un respirador equipado con un cilindro de aire comprimido que proporciona protección.

Masilla de relleno Un material plástico utilizado para rellenar orificios pequeños o arañazos.

Material aislante Cualquier material que se opone al flujo de electricidad.

Material aislante de ruidos Una almohadilla u hoja de material plástico que absorbe el sonido.

Material compuesto Un plástico formado mediante la combinación de dos o más materiales, como una resina polímera (matriz) y un material de refuerzo.

Material de riesgo Cualquier material que pueda producir daño físico grave o que pueda suponer un riesgo para el medio ambiente.

Material sellante Un revestimiento entre la capa superior y la imprimación o el acabado antiguo para proporcionar mejor adhesión.

Matiz La sombra que resulta al mezclar un color con pintura blanca.

Matizar (1) Una técnica de reparación en el momento que se emplea para ayudar a mezclar la pintura y disimular la reparación. (2) Agregar color al blanco o a otro color.

Mazo de cables (1) Cables eléctricos unidos en un mazo. (2) Los cables eléctricos y cables conectados entre sí como una unidad.

Mecanismo Las piezas de funcionamiento de un conjunto.

Medidor Un instrumento empleado para efectuar mediciones.

Medidor autocentrante Un dispositivo empleado para mostrar la falta de alineación.

Medidor de centrado Un medidor de bastidor que se utiliza en grupos de cuatro para localizar los planos de referencia horizontales y línea central de un vehículo.

Medidor de larguero de línea central Un dispositivo que se utiliza para detectar la falta de alineación de torres de suspensión en relación con el plano central y el plano de referencia.

Medidor de referencia Un instrumento empleado para comprobar la alineación y dimensiones con respecto a las especificaciones de fábrica.

Medidor del bastidor Un medidor que puede colgarse del bastidor del vehículo para comprobar la alineación.

Mercado independiente Cualquier pieza o accesorio, nueva o usada, que se instala tras la fabricación original del vehículo.

Metal básico Cualquier metal para soldar o cortar.

Metal de relleno El metal que se añade al realizar una soldadura.

Metal galvanizado Metal revestido con zinc.

Metal no ferroso Un metal que no contiene hierro, por ejemplo, aluminio, latón, bronce, cobre, plomo, níquel y titanio.

Metálico Acabados de pintura que incluyen restos metálicos, además de pigmentos.

Metalurgia El estudio de metales y la tecnología de los metales.

Metamerismo Dos o más colores que coinciden al verlos bajo una fuente de luz, pero que no coinciden al verlos bajo una segunda fuente de luz.

Método de moldeo Un procedimiento empleado para reparar secciones curvas o con forma irregular.

Método de sustitución total La sustitución de un material adhesivo al instalar un nuevo cristal fijo.

Método extendido La sustitución de un material adhesivo al instalar un nuevo cristal fijo.

Metro Una unidad de medida en el sistema métrico.

Mezcla de plástico y resina Un material utilizado para rellenar arañazos y picaduras de un parabrisas.

Mezclable Capaz de combinarse.

Mezclar La combinación de dos o más colores de pintura para conseguir el color deseado.

Mica Un pigmento de color o partícula encontrada en las pinturas.

Miembro estructural Una parte del cojinete de carga de la estructura de la carrocería que afecta a su rendimiento en carretera o resistencia a colisiones.

Miembro estructural abierto Un panel plano al que se puede acceder desde cualquier lado, como por ejemplo un panel de suelo.

Miembro estructural cerrado Una parte del interior de la caja, a la que normalmente sólo se accede desde el exterior, como un riel o un pilar.

MIG Abreviatura de Soldadura de metal al arco.

Milésima Una medida de grosor de película de pintura igual a una milésima parte de una pulgada.

Milímetro Una unidad de medida en el sistema métrico internacional.

Ministerio de Trabajo Ministerio de trabajo (en los EE.UU. se utiliza la abreviatura DOL – Department Of Labor).

Modelo antiguo Un término empleado para describir los automóviles que tienen más de quince años.

Modelo nuevo Un vehículo fabricado durante los últimos quince años.

Módulo de conservación de energía Una fuente alternativa de energía para un sistema de bolsa de aire si se pierde la energía de la batería en una colisión.

Moho Una formación de hongos que aparece en zonas templadas y húmedas.

Moldura con soporte de adhesivo Una pieza decorativa que se suministra con un revestimiento posterior adhesivo para facilitar su instalación.

Moldura de drenaje La moldura metálica que sirve como canal de drenaje sobre las puertas; a veces se denomina colector de drenaje.

Moldura decorativa Una moldura decorativa o de acabado alrededor del interior del cristal.

Moldura externa Un embellecedor exterior que se utiliza para acentuar una apertura de cristal.

Moldura (1) Una moldura horizontal o abultamiento situado a lo largo del vehículo en la parte inferior del cristal. (2) Una pieza embellecedora que consta de una pista metálica y una inserción de plástico.

Molécula La unidad mínima posible de cualquier sustancia que retenga características de dicha sustancia.

Monocasco Un tipo de construcción de vehículo monoestructural en el que el metal de la carrocería proporciona la mayor parte de la fuerza estructural del vehículo.

Monoestructural Un tipo de vehículo en el que las piezas de la estructura de la carrocería sirven como soporte para la fuerza general del vehículo.

Monóxido de carbono (CO) Un gas tóxico creado por la combustión incompleta del combustible.

Montaje de carrocería El método y los medios por los que un cuerpo de vehículo se coloca en un chasis.

Montura Un accesorio para un sistema de medición exclusivo diseñado para adjuntarse a un banco con el fin de fijar puntos de referencia.

Motor trasero Un motor que se encuentra ubicado directamente encima o ligeramente delante del eje trasero.

Muesca Una ranura en la unión metálica base a una soldadura y que se ha dejado sin rellenar por un metal soldado.

Multímetro Un instrumento eléctrico que se utiliza para medir la resistencia, tensión y amperios.

Nebulosidad (1) El desarrollo de una nebulosa en una película o en un líquido claro. (2) La formación o la presencia de una nube turbia en un líquido o película. (3) Una apariencia nublada sobre una capa de pintura acabada.

Negligente Ser descuidado o irresponsable.

Neto La cantidad de dinero restante después de pagar todos los gastos generales; se conoce como beneficio.

Neutralizador Cualquier material empleado para eliminar químicamente cualquier resto de extractor de pintura antes de empezar el acabado.

Núcleo (1) Los tubos que forman los pasajes del refrigerante en un radiador o intercambiador de calor. (2) Una unidad reconstruible usada para el intercambio al adquirir una unidad nueva o reconstruida.

Número de identificación del vehículo (VIN) Un número que el fabricante asigna a los vehículos para su registro e identificación.

OEM Una abreviatura de fabricante de equipo original.

Oferta cerrada Una oferta cuyo coste final ha sido determinado.

Ohmímetro Un dispositivo eléctrico utilizado para medir la resistencia.

Ohmio Una unidad de medida de resistencia.

Opaco (1) La falta de brillo. (2) Que no es transparente o por el que no penetra la luz.

Ordenanza zonal La ley que limita el tipo de negocios permitidos en un área o zona particular.

Orificio Una pequeña apertura calibrada.

Orificio de drenaje Un orificio situado en la parte inferior de la puerta, panel inferior de puerta, u otros componentes que permite el drenaje del agua.

Overol Una prenda resistente a la absorción de pintura que proporciona una protección completa al cuerpo y puede llevarse sobre otra ropa.

Óxido de aluminio Un abrasivo extremadamente duro muy resistente a las fracturas y capaz de penetrar en superficies duras sin quitar brillo.

Pandeo Daño del bastidor en el que uno o ambos rieles se doblan en el panel.

Panel con resguardos Una monoestructura sin rieles centrales pero con secciones de resguardos trasero y delantero.

Panel de carrocería Una hoja de acero, aluminio o plástico que forma parte de la carrocería del vehículo.

Panel de la puerta El panel exterior de la puerta.

Panel de relleno Un panel que se encuentra situado entre el parachoques y la carrocería.

Panel de repuesto Un panel de la carrocería empleado para sustituir un panel dañado.

Panel del salpicadero (1) El panel instalado entre el capó y la apertura de la puerta delantera. (2) Un panel situado en la parte delantera del habitáculo de pasajeros al que se fijan los guardabarros, capó y panel de instrumentos.

Panel del techo corredizo Una parte transparente del techo que puede quitarse o deslizarse para que entre luz o ventilación.

Panel estructural Un panel que se utiliza en una monoestructura que se convierte en parte de la unidad completa y es fundamental para la fuerza del cuerpo.

Panel exterior El panel de fuera.

Panel externo La hoja metálica conectada a un panel interior para formar el exterior de un vehículo.

Panel inferior de puerta Un panel estrecho instalado bajo la puerta del vehículo que se fija a la parte inferior de la apertura de la puerta.

Panel interior Un componente de la carrocería del automóvil que añade fuerza y rigidez a los paneles exteriores.

Panel trasero El panel lateral que se extiende desde la puerta trasera hasta el extremo del vehículo.

Paño adherente Un paño redondo impregnado con resina que se utiliza para recoger polvo y restos de una superficie antes de pintarla.

Papel de enmascarar Un papel especial que no permite que traspase la pintura.

Parche de vacío Un dispositivo que se coloca sobre una zona de reparación de cristal para extraer todo el aire y asegurar que se cubran todos los huecos con resina.

Parrilla frontal El panel decorativo situado en la parte delantera del radiador.

Pasador regulable Un perno que puede ajustarse lateralmente, verticalmente y hacia atrás para conseguir la holgura y alineación de la puerta.

Pasta de pulir Un término empleado para crema de pulido.

Pegajosidad La característica de adherencia de una película de pintura o adhesivo.

Película Una hoja de material continua muy fina, como por ejemplo la pintura que forma una película sobre la superficie en la que se aplica.

Pérdida total Una situación por la que el coste de reparaciones superaría el valor del vehículo.

Perito Perito Un representante de la compañía de seguros, llamado también tasador, responsable de la aprobación de una reparación por colisión para cumplir con la reclamación por daños de un vehículo.

Perito del seguro Una persona que revisa previsiones para determinar la que mejor refleja cómo debe repararse el vehículo.

Personal de oficina Aquellas personas que realizan tareas de oficina, como facturación, recepción de pagos, depósitos, solicitud de piezas y pago de facturas.

Personal de venta Un representante del fabricante o distribuidor de equipo que vende varios productos o servicios.

Personalizar La alteración de un vehículo para ajustarse a gustos o especificaciones individuales.

Pestaña del extremo inferior de la puerta Una pestaña situada en la parte inferior del panel de una puerta.

Picado La aparición de orificios o picaduras en una película de pintura mientras está húmeda.

Piel de caimán Un defecto en el acabado de la pintura que imita el patrón de una piel de caimán.

Pieza de refuerzo Una hoja de metal soldada a lo largo de una unión para reforzarla.

Pilar A Montante del parabrisas.

Pilar B El pilar situado entre la moldura y el techo entre las puertas delantera y trasera de los vehículos de cuatro puertas y monovolúmenes.

Pilar C El pilar que une el techo con el panel trasero.

Pilar central Una columna tipo caja que separa las puertas delantera y trasera en un vehículo de cuatro puertas. A menudo se denomina pilar de bisagras y soporta el percutor o cierre de la puerta delantera y las bisagras de la puerta trasera.

Pilar de bisagras de la carrocería delantera El pilar al que se fijan las bisagras de la puerta delantera.

Pilar de bisagras El bastidor o construcción interna a la que se fija una bisagra.

Pilar de la cerradura El montante de puerta vertical que contiene el regulador de cierre.

Pilar del parabrisas El soporte estructural que conecta el cuerpo al panel del techo.

Pilogrip Un adhesivo reparador de carrocería que se utiliza para unir paneles con chasis de aluminio.

Pintado a brocha El acto de aplicar pintura con una brocha.

Pintado electrostático La aplicación de pintura mediante atomización de alta tensión.

Pintado imperfecto Un capa imperfecta de pintura, normalmente producida por una pulverización realizada demasiado lejos de la superficie que se va a pintar o sobre una superficie demasiado caliente.

Pintar El acto de aplicar pintura.

Pintura de mezcla especial Una mezcla de pintura especial que suele utilizarse al intentar rectificar un acabado muy oxidado o desgastado.

Pintura de retocado Un pequeño depósito de pintura que coincide con el color de fábrica utilizado para rellenar pequeñas fisuras en el acabado de un vehículo.

Pintura de tela de araña Un efecto de pintura personalizado producido por una laca acrílica procedente de la pistola pulverizadora en forma de rosca fibrosa.

Pintura de vinilo Cualquier material de pintura aplicado a una superficie de vinilo para restaurar el color.

Pintura general Reparación de acabado que incluye la pintura completa del vehículo.

Pintura metalizada Pintura que contiene restos metálicos además de pigmentos.

Pintura mezclada en la fábrica Pintura que se proporciona cuidadosamente en fábrica para conseguir el color deseado y que coincida con el acabado original.

Pintura personalizada El acabado o decoración de un vehículo de manera personalizada.

Pinzas de tapicería Pinzas que se utilizan para extraer o instalar anillos de tapicería.

Pistola de adhesivo caliente Un dispositivo calentado eléctricamente que se utiliza para fundir y aplicar adhesivo a plásticos y otros materiales.

Pistola de mezcla externa Una pistola de pulverización de pintura que mezcla y atomiza el aire y la pintura fuera del tapón de aire.

Pistola de presión Un dispositivo que utiliza ráfagas de aire comprimido para ayudar a limpiar y secar superficies de trabajo.

Pistola de remachar Una herramienta portátil diseñada para fijar y asegurar remaches en un agujero ciego.

Pistola pulverizadora Una herramienta de pintura portátil accionada por presión de aire que atomiza líquidos, por ejemplo, pintura.

Plano central Una línea central imaginaria que se extiende a lo largo del plano de referencia.

Plano cero Un plano que divide el plano de referencia en sección delantera, media y trasera.

Plano de referencia El plano o línea horizontal empleada para determinar las mediciones correctas del bastidor.

Plano del conjunto Esquemas empleados por el fabricante al ensamblar un componente o un vehículo.

Plasma Un gas que se calienta hasta un estado parcialmente ionizado que le permite conducir una corriente eléctrica.

Plástico Un material ligero fabricado que ahora se utiliza en la construcción de automóviles.

Plástico de termofraguado Una resina que no se funde al calentarse.

Plastificante Un material que se añade a la pintura para hacer la película más flexible.

Plataforma deslizante Un bastidor que consta de una sección inferior y un túnel central.

Plataforma rodante Una plataforma baja con cuatro rodillos de arrastre que utilizan los técnicos para moverse al trabajar debajo del vehículo.

Polietileno Un termoplástico utilizado para aplicaciones de interior.

Polipropileno Un material termoplástico utilizado para aplicaciones de interior y algunas bajo el capó.

Poliuretano Un compuesto químico que se utiliza en la producción de resinas para esmaltes.

Polvo de asbestos Un agente derivado de un material cancerígeno que se solía utilizar en la fabricación de conjuntos de forros de frenos y embragues.

Polvo de hidróxido de sodio Un polvo que se produce cuando se activan los granos de azídico sódico de una bolsa de aire.

Polvo de óxido de cerio Un abrasivo muy fino que se utiliza para pulir arañazos en cristal.

Por cuenta del cliente Reparaciones que el cliente solicita y que no cubre el seguro.

Porosidad Poros o bolsas de gas en cualquier material.

PPM La abreviatura de partes por millón.

Precio fijo Precio estándar invariable por realizar un servicio o reparación.

Precio promedio del mercado El valor local de un vehículo, basado en informes de venta reales desde concesionarios de vehículos nuevos y usados.

Prensa hidráulica Una prensa compuesta por un gato hidráulico, o cilindro, que se utiliza para presionar, enderezar, instalar o desinstalar componentes.

Preparación superficial Preparar una superficie antigua para el acabado o pintura.

Presión Una fuerza medida en libras por pulgada cuadrada (psi) o Pascales (kPa), por ejemplo, el aire distribuido a una pistola pulverizadora de pintura.

Presupuesto preliminar (1) Una estimación por la que se puede pensar que es necesario reparar o sustituir una pieza, pero que no puede determinarse hasta que se haya iniciado la reparación. (2) Una estimación realizada por un estimador experimentado relativa al coste de reparación de daños.

Presurizar Aplicar una presión que es mayor que la presión atmosférica.

Probador de carga Un instrumento empleado para determinar el estado de una batería.

Propiedad Un negocio, como un taller de carrocerías, cuyo propietario es una persona.

Proporcionar porosidad Proporcionar forma irregular a una superficie mediante el lijado con papel para adecuar la superficie para pintar.

Protección contra la corrosión El uso de cualquiera de los muchos métodos existentes para proteger piezas metálicas de la carrocería contra la corrosión y el óxido.

Protector Aplicar una cubierta o protector a la zona del faro construida de resina epoxi y refuerzo de fibra de vidrio.

Protector de máquina Un dispositivo de seguridad utilizado para impedir que se entre en contacto con las partes móviles de una máquina.

Protector del ventilador El cierre plástico o metálico colocado alrededor de un ventilador accionado por motor para orientar el aire y mejorar la acción del ventilador.

Protector facial Un dispositivo que se utiliza para proteger la cara y los ojos de los peligros que conlleva el aire y las salpicaduras de productos químicos.

Pulido El pulido o brillado de un acabado a mano o a máquina utilizando un compuesto o un líquido.

Pulidora Un término empleado para pulir.

Puntal de suspensión Un sistema de suspensión conectado a la torre de resorte y brazo de control inferior.

Punto convencional Los puntos de una monoestructura que se utilizan como referencia para efectuar una reparación.

Punto de control Los puntos de un vehículo, como orificios, zonas lisas u otras áreas identificativas, que se utilizan para colocar los paneles y rieles durante la fabricación del vehículo.

Punto de inflamación La temperatura a la que arderá el vapor de un líquido al producirse una chispa.

Punto de referencia El punto de un vehículo, incluidos orificios, zonas lisas o de identificación, que se utiliza para colocar las piezas durante las reparaciones.

Punto de rocío La temperatura a la que el vapor de agua se condensa.

Punto susceptible de corrosión Una área sin protección que podría ser objeto de corrosión.

Punzón Una herramienta con punta afilada que se utiliza para localizar y realizar orificios de inicio para la perforación.

Purga El color original que aparece después de aplicar una nueva capa.

PVC (1) Abreviatura de cloruro de polivinilo, un tipo de plástico. (2) Abreviatura de contenido de volumen de pigmento, el porcentaje de pigmento en material sólido de una pintura.

Quemadura por agente químico Una herida que se produce cuando un producto químico corrosivo entra en contacto con la piel o con los ojos.

Radio de giro El recorrido del giro de una rueda delantera más cerrado que la otra.

Ranura de ajuste Los orificios alargados en soportes de fijación y amortiguadores que permiten la alineación durante la instalación.

Rebaje El borde cónico entre un panel de metal y la superficie pintada.

Reborde entrecruzado Un amplio reborde soldado realizado mediante el movimiento del electrodo hacia adelante y hacia atrás en un movimiento ondulante.

Recubrimiento de techo por pulverización Un revestimiento de vinilo pulverizado.

Recuperación El valor de un vehículo siniestrado que ha sido declarado después de la reparación.

Reducir Disminuir la viscosidad de una pintura mediante la adición de un disolvente o diluyente.

Reductor Una combinación de disolventes empleada para diluir el esmalte.

Reductor de brillo Un aditivo que reduce el brillo de un material acabado.

Refuerzos Soportes estructurales que se utilizan para reforzar paneles.

Régimen de evaporación La velocidad a la que se evapora un líquido.

Regulador (1) Un mecanismo empleado para subir o bajar un cristal en la puerta de un vehículo (2) Un dispositivo empleado para controlar la presión de líquidos o gases.

Relación de disolución La cantidad de disolvente que puede agregarse a cualquier disolvente real al utilizar la mezcla para disolver cierto peso de polímero.

Relleno Un material que se utiliza para rellenar una zona dañada.

Relleno de carrocería Un material de plástico pesado que se endurece muy lentamente y que se utiliza para rellenar pequeñas grietas en el metal.

Relleno de fibra de vidrio epóxica Un material de refuerzo de fibra de vidrio impermeable utilizado para la reparación de pequeños óxidos.

Relleno plástico (1) Un compuesto de resina y fibra de vidrio que se utiliza para rellenar dientes y superficies de nivel. (2) Un término coloquial empleado para el relleno de plástico listo para usar.

Removedor Un término empleado para designar un eliminador de pintura.

Removedor químico La eliminación química de una capa de metal básico para preparar una superficie para su pintura.

Remover El acto de eliminar pintura mediante la aplicación de un producto químico que la suaviza y la levanta, utilizando ráfagas accionadas por aire o mediante el lijado automático.

Reparación de zona específica Un tipo de reparación en el que se repara y acaba una parte del vehículo más pequeña que un panel.

Repasar Volver a pintar eliminando o sellando un acabado antiguo y aplicando una nueva capa.

Repaso final La limpieza final y retoque de un vehículo.

Reposición de secciones El acto de sustitución de áreas parciales de un vehículo.

Residuo tóxico Cualquier material que puede amenazar a la salud humana si se manipula o desecha de forma incorrecta.

Resina Un término empleado para el poliéster y la resina epoxi.

Resina de isocianato El ingrediente principal de endurecedores de uretano.

Resina de poliéster Un plástico termoestable que se utiliza como acabado y unión de matrices con materiales de refuerzo.

Resistencia (1) La integridad de una estructura. (2) Una oposición al flujo de electricidad.

Responsabilidad Una responsabilidad legal para las decisiones y acciones comerciales.

Retardante Un aditivo de evaporación lenta que se utiliza para aumentar el tiempo de secado.

Retén Un dispositivo tipo resorte que se utiliza para fijar un componente a otro.

Retención del color La capacidad que tiene una superficie para mantener la capa final.

Retenes de moldura Las piezas que sujetan el cristal de la ventana e impiden que oscile.

Retrogresión de la llama Un estado en el que la mezcla de acetileno de oxígeno se quema en el cuerpo del soplete de soldadura.

Revestimiento interior superior Un paño o material plástico que cubre la zona del techo dentro del habitáculo de pasajeros.

Revisión general Un procedimiento en el que se desinstala, se limpia y/o inspecciona un conjunto y las piezas dañadas se reparan, rectifican y se vuelven a instalar.

Ribete Un pequeño bolsillo en el revestimiento del techo que sostiene barras de fijación.

Riel El componente principal que forma el soporte en forma de caja en la construcción de una monoestructura.

Rigidización Metal rígido y endurecido en las zonas alargadas debido a una tensión permanente.

Rociado Un problema de la pistola pulverizadora producido por el empaque de secado situado alrededor de la válvula de aguja de líquido.

SAE Abreviatura inglesa de Sociedad de Ingenieros de Automoción.

Salario Una cantidad fija de dinero que se paga al trabajador por día, semana, mes o año.

Salpicadero El panel instalado entre el capó y la apertura de la puerta delantera.

Salpicadura Las partículas atomizadas de pintura que rebotan de la superficie que se está pulverizando y proporcionan una neblina de pulverización.

Se corre y se escurre Una aplicación densa de material pulverizado que no se adhiere uniformemente a la superficie.

Secado El proceso de cambio de una capa de pintura de líquido a sólido debido a la evaporación del disolvente, una reacción química del medio de unión o una combinación de estas causas.

Secado deficiente Un estado por el cual el acabado permanece blando y no se seca o cura con la rapidez que debería.

Secado rápido La primera fase de secado en la que algunos de los disolventes se evaporan, lo que atenúa la superficie de un exceso de brillo a un brillo normal.

Secar (1) Cambiar de líquido a sólido después de depositar la pintura sobre una superficie. (2) Estar libre de humedad u otro líquido.

Sección de carrocería Una reparación de sección de ambos paneles inferiores de puerta, pilares de parabrisas y sección inferior necesaria para unir la mitad delantera que no esté dañada de un vehículo con una mitad trasera no dañada de otro vehículo.

Sección delantera Igual que un extremo delantero, pero incluye la torre de impacto o torre de apoyo.

Sección estacionaria Los conjuntos o componentes permanentes de un vehículo que no pueden moverse.

Sección inferior El conjunto inferior principal de un vehículo que forma el suelo del habitáculo de pasajeros.

Sección móvil Un componente que se fija en su posición mediante un ajustador mecánico.

Sección posterior La parte trasera del vehículo incluida la parte del techo.

Seguimiento El control del descentrado de las ruedas traseras en relación con las delanteras.

Seguro de responsabilidad civil Seguro que cubre al titular de la póliza frente a daños de responsabilidad civil producidos a la propiedad personal de terceros.

Seguro obligatorio Un tipo de seguro que cubre sólo al vehículo asegurado y/o daños personales, independientemente de quien haya causado el accidente.

Sellado mediante adhesivo Un material empleado para sellar o unir juntas y para instalar parabrisas y cristales traseros.

Semibrillante Un nivel de brillo entre alto y bajo.

Sensor de temperatura Un sensor sensible a la temperatura que se utiliza para marcar una zona soldada con el fin de controlar su temperatura.

Separación La distancia entre dos puntos.

Separador Un separador de plástico que se utiliza para reducir la fricción entre la manecilla de la puerta y el panel embellecedor.

Sierra Una sierra de mano empleada para cortar metales.

Sierra de carrocería Una sierra equipada con una hoja abrasiva que se utiliza para cortar secciones de suelo o paneles.

Silicona (1) Un adhesivo que se utiliza para reparar embellecedores de vinilo dañados y tapicerías. (2) Un ingrediente de ceras y pulidos que los hace parecer suaves.

Sistema adhesivo de cianoacrilato Un adhesivo de dos partes que forma una unión extremadamente fuerte sobre plásticos duros y materiales similares.

Sistema de aire acondicionado Un sistema que dispone de un compresor, evaporador, condensador y componentes asociados que enfrían el aire del habitáculo de pasajeros de un vehículo.

Sistema de alineación portátil Un sistema de alineación empleado para corregir daños del bastidor y carrocería.

Sistema de bancada Un método de alineación que utiliza un equipo que permite ajustar o preajustar grapas del vehículo para comprobar la existencia de daños.

Sistema de bastidor Un conjunto de bastidor resistente sobre el que se montan varios accesorios.

Sistema de bastidor estacionario Un sistema que puede utilizarse para reparar daños de colisiones.

Sistema de bolsa de aire Un sistema que utiliza sensores de impacto, un computador de a bordo, un módulo de inflado y una bolsa de nylon en el salpicadero y/o columna de dirección para proteger a los pasajeros y/o conductor durante una colisión.

Sistema de cable único El sistema de cableado eléctrico para un vehículo que utiliza el chasis como ruta eléctrica a tierra, eliminando la necesidad de un segundo cable.

Sistema de cerradura sin llave Un sistema de cierre que acciona la cerradura mediante un teclado numérico en el que se introduce un código, o bien, mediante una señal emitida desde un pequeño transmisor.

Sistema de cerrojo de transmisor/receptor Un sistema por el que se transmite una señal desde un pequeño transmisor con llave hasta el receptor ubicado en la puerta para activar el mecanismo de bloqueo.

Sistema de conexión a tierra En vehículos con bastidor de metal, el bastidor forma parte del circuito eléctrico, de manera que sólo se necesita un cable para completar el circuito. Los bastidores compuestos o plásticos necesitan dos cables.

Sistema de dirección El mecanismo que permite al conductor girar las ruedas para cambiar la dirección de movimiento de un vehículo.

Sistema de láser Un tipo de sistema de medición que utiliza óptica láser.

Sistema de medición Un sistema que permite la comprobación de alineación del bastidor y carrocería o de falta de alineación.

Sistema de medición universal Un sistema de medición que cuenta con dispositivos montados en el bastidor, que pueden ajustarse para las diversa carrocerías de vehículos.

Sistema de rieles Una pieza de acero especialmente diseñada instalada en el suelo del taller que proporciona un anclaje para el equipo de empuje y tiro.

Sistema de sujeción Un sistema de alineación por rieles que utiliza unidades hidráulicas portátiles ancladas a orificios de fijación del suelo.

Sistema de suspensión Los resortes y otros componentes de soporte de la pieza superior de un vehículo en sus ejes y ruedas.

Sistema de tracción múltiple Un sistema que tira en dos o más direcciones para corregir daños.

Sistema eléctrico El motor de arranque, alternador, computadores, cables, interruptores, sensores, fusibles, interruptores y lámparas utilizadas en un vehículo.

Sistema eléctrico-hidráulico Un sistema que utiliza un motor eléctrico para accionar una bomba hidráulica.

Sistema electrónico Un sistema de control del vehículo computerizado, como los sistemas de control del motor o los sistemas de freno antibloqueo.

Sistema especial de medición de accesorios Un banco con accesorios que puede colocarse en puntos específicos para la medición de la carrocería.

Sistema mecánico de medición Un sistema que tiene un haz de precisión y un puntero ajustable para verificar las dimensiones.

Sobrante Las cargas añadidas para cualquier daño que pueda descubrirse después de una estimación original.

Software Información informática almacenada en discos, programas informáticos y CD.

Solapa (1) La pulverización que cubre la capa anterior de pintura. (2) En una estimación, cuando dos operaciones comparten pasos o procedimientos comunes y, por tanto, los mismos cambios de uniformidad.

Soldadura (1) El acto de unir dos piezas de metal o plástico mediante sus puntos de soldadura. (2) El método de unión que implica la soldadura y fusión de dos piezas de material para formar una unión permanente. (3) Una mezcla de latón, plomo, antimonio o plata que puede fundirse para rellenar fisuras y grietas en cables de metal de un circuito eléctrico.

Soldadura de bronce Un método de soldadura que utiliza un metal de relleno.

Soldadura de carrocería Una aleación de latón y plomo que se utiliza para rellenar dientes y otros defectos de carrocería.

Soldadura de espárrago La unión de un espárrago de metal o pieza similar a una pieza de trabajo.

Soldadura de metal por arco También denominada soldadura MIG, es un proceso de soldadura por arco que produce la fusión de metales mediante su calentamiento con un arco entre un electrodo de metal de relleno y el trabajo.

Soldadura de metales por gas inerte (MIG) Una técnica de soldadura que utiliza un gas inerte para proteger el arco y el electrodo de relleno con oxígeno atmosférico.

Soldadura de puntos resistente a la compresión Un método que utiliza una fuerza de fijación y calor de resistencia para formar puntos de soldadura de dos lados.

Soldadura de puntos Una soldadura en la que se dirige un arco para penetrar en ambas piezas de metal.

Soldadura de resistencia Una soldadura realizada por el paso de corriente eléctrica a través del metal entre los electrodos de una pistola de soldadura.

Soldadura de solapa Una soldadura realizada a lo largo del borde de una pieza que sobresale.

Soldadura de tope Una soldadura realizada a lo largo de una línea en la que se colocan dos piezas metálicas de un extremo al otro.

Soldadura manual Un proceso de soldadura en el que el procedimiento se realiza y controla a mano.

Soldadura obturadora La adición de metal a un orificio para fundir todo el metal.

Soldadura por fusión Una operación de unión que implica la soldadura de dos piezas de metal.

Soldadura por puntos MIG Una técnica que suele emplearse para colocar paneles antes de la soldadura con soldaduras de metal al arco o soldaduras por puntos de resistencia a la compresión.

Soldar Un proceso de unión en el que el metal base se calienta lo suficiente para permitir a la soldadura fundirse y crear una capa adhesiva.

Sólidos El porcentaje de material sólido en la pintura después de que se hayan evaporado los disolventes.

Solvencia La capacidad de un líquido para disolver resina o cualquier otro material.

Sombreado Una técnica de pintura personalizada que consiste en mantener una máscara o tarjeta en una posición y pulverizar la zona de alrededor.

Soporte Una pieza que se utiliza para unir componentes entre sí o a la carrocería y al bastidor.

Soporte de esmeril y taladro Un punto de instalación utilizado al seccionar un panel de plástico de la carrocería.

Soporte de gato Un dispositivo de seguridad empleado para sujetar el vehículo cuando se trabaja debajo de él.

Soporte de seguridad Un soporte metálico que se coloca bajo un vehículo elevado.

Soporte inferior del cristal Un soporte ubicado en el extremo inferior de la apertura de la ventana.

Soporte MacPherson Un tipo de suspensión independiente que incluye un muelle helicoidal y un amortiguador.

Subbastidor Un bastidor de carrocería unificado que sólo tiene las partes delantera y trasera de los rieles del bastidor.

Subconjunto Un conjunto de varias piezas que se juntan antes de instalarlo completamente.

Subcontratación Reparación o servicios enviados a otro taller.

Submiembro Un refuerzo de caja o canal soldado al suelo de un vehículo.

Substrato La superficie sobre la que se va a trabajar.

Suciedad Estado que requiere limpieza.

Sueldo La cantidad de dinero que se paga a los trabajadores, normalmente, computado "por horas".

Suspensión de aire Un sistema de suspensión de vehículos que utiliza cilindros neumáticos para sustituir o complementar los resortes mecánicos.

Suspensión delantera independiente Un sistema de suspensión delantera convencional en el que cada rueda se mueve independientemente de las demás.

Suspensión trasera independiente Un sistema de suspensión trasera que no tiene eje transversal y en el que cada rueda actúa independientemente.

Sustancia peligrosa Cualquier material de riesgo que suponga una amenaza para los ríos y el medio ambiente.

Taladro Una herramienta automática con brocas intercambiables que se utiliza para perforar orificios.

Taladro vertical Un taladro eléctrico montado sobre el suelo o sobre un banco que se utiliza para perforar orificios.

Taller independiente (1) Un taller de reparaciones que podría pertenecer a un único propietario o a una sociedad. (2) Un término empleado a menudo para denominar a un garaje independiente.

Tapa del baúl La tapa o panel del maletero y el refuerzo que cubre el compartimento del equipaje.

Tapicero Una persona cuya especialidad es la reparación o sustitución de materiales de superficies interiores.

Tarifa plana Un tiempo preestablecido permitido para una determinada reparación y el dinero que se cobra por realizar dicha reparación basándose en una tarifa estándar por hora del taller.

Techo convertible eléctrico Un techo convertible que utiliza un motor eléctrico y conjunto actuador para la elevación y descenso.

Techo convertible hidráulico-eléctrico Un sistema que utiliza cilindros hidráulicos y un motor eléctrico para subir y bajar el techo.

Techo convertible manual Un sistema de techo que se sube y baja a mano.

Techo corredizo El techo de un vehículo que tiene un panel que se desliza sobre pistas guía.

Techo duro Un estilo de carrocería de automóvil que no tiene un pilar central de soporte del techo.

Técnica de comprobación de soldadura Tocar momentáneamente un electrodo de soldadura de arco del trabajo como medio de descarga por arco.

Tela de capota de convertible Tejido, material sintético y material textil de vinilo.

Tela de fibra de vidrio Un material de refuerzo resistente que proporciona la mayor resistencia física de todos los materiales de fibra.

Telas con recubrimiento de vinilo Cualquier material con una capa protectora o decorativa de plástico unida a una base de tela que proporciona un refuerzo.

Temperatura ambiente La temperatura del aire del entorno.

Tensión La presión eléctrica que hace que la corriente fluya.

Terminal Un fijador mecánico conectado a extremos con cables.

Terminal positivo El terminal positivo de una batería.

Termofraguado Un sólido que no se suavizará al calentarse.

Termoplástico Un material plástico que se suaviza cuando se calienta y se endurece cuando se enfría.

Tiempo de acceso El tiempo necesario para extraer piezas gravemente dañadas por la colisión cortando, empujando o tirando de ellas.

Tiempo de curado El tiempo que tarda un disolvente en evaporarse o las resinas en curarse o endurecerse.

Tiempo de secado (1) El periodo de tiempo entre capas o aplicación de pintura y/u horneado. (2) La cantidad de tiempo necesaria para secar pintura o dejar que se evaporen los disolventes.

Tiendas especializadas Una tienda que se especializa en un área concreta, como funciones de enderezamiento de bastidor, alineación de ruedas, tapicería o pintura personalizada.

TIG Abreviatura de soldadura al arco de tungsteno con gas inerte.

Tolerancia La variación aceptable, más o menos, de las dimensiones del vehículo tal como las proporciona el fabricante.

Tolerancia de alineación El espacio entre dos componentes, como una puerta y un pilar o el guardabarros y el capó.

Tono (1) Un color claro, normalmente pastel. (2) Una característica visual mediante la cual un color se diferencia de otro, por ejemplo, rojo, azul y verde.

Tope Un bloque de comprobación o separador empleado en las instalaciones de cristal movible.

Tope de caucho Un protector del capó ajustable que se utiliza para realizar pequeños ajustes de alineación.

Tope superior Un componente que limita el recorrido ascendente del canal de elevación.

Tornillo de banco Una herramienta de soporte instalada en un banco ajustable.

Torre La parte superior derecha de un sistema de enderezamiento estructural.

Torre de impacto Las zonas de refuerzo para la fijación de las piezas superiores del sistema de suspensión.

Toxicidad La propiedad biológica de un material que refleja su capacidad inherente de producir daños o un efecto adverso debido al exceso de exposición.

Tracción Aplicación de fuerza.

Tracción en las ruedas delanteras Un vehículo que tiene sus ruedas motrices ubicadas en el eje delantero.

Transferencia de diseño de madera Una hoja de transferencia de plástico que se utiliza para imitar la madera en los laterales del vehículo.

Transparente / Claro Una pintura que no contiene pigmento o que sólo contiene pigmentos transparentes.

Transversal Un motor colocado de tal manera que su cigüeñal está paralelo a los ejes del vehículo.

Travesaño Una pieza de refuerzo que conecta los rieles laterales del bastidor de un vehículo.

Trementina Un disolvente derivado del destilado de pinos.

Trinquete accionado por motor Una herramienta eléctrica o neumática utilizada para eliminar y sustituir tuercas, pernos y otros fijadores.

Troquel Una herramienta de corte que se utiliza para realizar roscas externas o para restaurar roscas dañadas.

Túnel Una formación en el panel del suelo para la transmisión y holgura del eje motriz en los vehículos con tracción trasera.

Unidad de luces de señalización Un dispositivo eléctrico empleado para encender la señal de viraje y las luces de emergencia.

Unión La zona en la que se conectan dos o más piezas.

Unión cohesiva Un proceso de unión de plásticos que implica el uso de cementos disolventes para fundir materiales plásticos.

Unión con adhesivo (1) El conjunto de componentes con un agente adhesivo químico. (2) Una unión mecánica entre el adhesivo y las superficies que se van a unir.

Unión de bordes Una unión entre los bordes de dos o más piezas paralelas o casi paralelas.

Unión mecánica La técnica para unir componentes mediante el uso de fijadores, juntas metálicas plegadas u otros medios.

Uretano Un tipo de pintura o revestimiento de polímero caracterizado por su dureza y resistencia a la abrasión.

Útil de apertura Un dispositivo empleado para abrir una puerta si el cierre de la puerta no funciona, se ha perdido la llave o se ha quedado dentro bloqueada.

Vacío Cualquier presión inferior a la atmosférica.

Vaho Gotas líquidas suspendidas en el aire a causa de la condensación de vapor a estado líquido, o bien, mediante la transformación de un líquido en un estado de dispersión por atomización.

Vaivén lateral Daño que se produce cuando un impacto en el lateral de un vehículo hace que se doble o pliegue el bastidor.

Valor El coste o precio justo de un artículo.

Valor de mercado El valor actual de mercado de un vehículo de producción estándar y sus accesorios opcionales tal como se determina en los listados de guías de vehículos o evaluación de concesionarios de vehículos.

Válvula de retención Un dispositivo que sólo permite el paso de aire o líquido en una dirección.

Válvula de seguridad Una válvula de seguridad diseñada para abrirse con una presión especificada.

Vapor Un estado de la materia, un estado gaseoso.

Vehículo (1) Un automóvil o camión. (2) Todos los componentes de la pintura excepto el pigmento que incluye disolventes, diluyentes, resinas, gomas y secadores.

Ventana del techo Un diseño de puerta sin bastidor alrededor del cristal que descansa sobre la parte superior y los laterales de la apertura de la puerta y empaques.

Ventanilla trasera Una ventana del vehículo ubicada detrás de los ocupantes.

Ventilador (1) El patrón de pulverización de una pistola pulverizadora de pintura. (2) Un dispositivo eléctrico que se utiliza para eliminar vapores y partículas finas del área de trabajo.

Verificación El proceso de efectuar mediciones y compararlas con las dimensiones correspondientes en el lado opuesto del vehículo para mostrar los daños.

Vida en almacén El periodo de tiempo que recomienda el fabricante para el almacenamiento de un material mientras sigue siendo apropiado para el uso.

Vida en recipiente abierto El tiempo que un pintor tiene para aplicar un acabado plástico o de pintura al que se ha añadido un catalizador o endurecedor antes de que se endurezca.

Vinilo Una clase de material que puede combinarse para formar polímeros de vinilo y que se utiliza para fabricar acabados resistentes químicos y artículos de plástico resistente.

Vinilo líquido (1) Una pintura compuesta de vinilo en un disolvente orgánico. (2) Material que suele emplearse a veces para reparar orificios o desgarros en tapicerías de vinilo o aplicaciones similares.

Viscosidad (1) La consistencia o cuerpo de una pintura. (2) El grosor o tenuidad de un líquido.

Visualizador electrónico Un diodo emisor de luz (LED), lectura digital u otro dispositivo utilizado para proporcionar información del vehículo.

VOC Abreviatura de compuesto orgánico volátil.

Volátil Un material que se evapora fácilmente.

Volatilidad La tendencia de un líquido a evaporarse.

Voltímetro Un dispositivo eléctrico utilizado para medir la tensión.

Voltio Una unidad de medida de presión eléctrica.

Zinc Un revestimiento de metal que se utiliza para prevenir la corrosión.

Zona de absorción Una sección integrada en el bastidor o carrocería diseñada para contraerse y absorber parte de la energía de una colisión.